开端

面向青少年的哲学

第1辑

科学技术与伦理

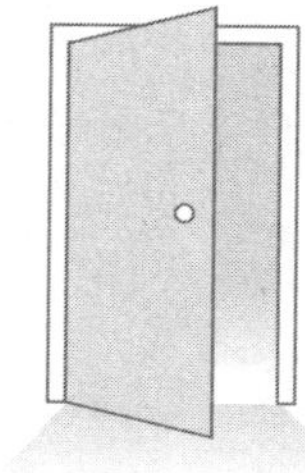

杨国荣 主编

武娟 刘梁剑 编

华东师范大学哲学系
中国智慧研究院 组编

中西書局

图书在版编目(CIP)数据

开端：面向青少年的哲学. 第1辑，科学技术与伦理/杨国荣主编；武娟，刘梁剑编；华东师范大学哲学系，中国智慧研究院组编. —上海：中西书局，2022

ISBN 978-7-5475-1971-4

Ⅰ.①开… Ⅱ.①杨… ②武… ③刘… ④华… ⑤中… Ⅲ.①科学技术-伦理学-青少年读物 Ⅳ.①B-49

中国版本图书馆CIP数据核字(2022)第123134号

KAIDUAN MIANXIANG QINGSHAONIAN DE ZHEXUE

开端：面向青少年的哲学

第1辑：科学技术与伦理

杨国荣　主编

武　娟　刘梁剑　编

华东师范大学哲学系　中国智慧研究院　组编

责任编辑　孙本初

装帧设计　梁业礼

责任校对　左钟亮

责任印制　朱人杰

出版发行　上海世纪出版集团

中西書局(www.zxpress.com.cn)

地　　址　上海市闵行区号景路159弄B座(邮政编码：201101)

印　　刷　上海天地海设计印刷有限公司

开　　本　890×1240毫米　1/32

印　　张　8.75

字　　数　197 000

版　　次　2022年9月第1版　2022年9月第1次印刷

书　　号　ISBN 978-7-5475-1971-4/B·118

定　　价　50.00元

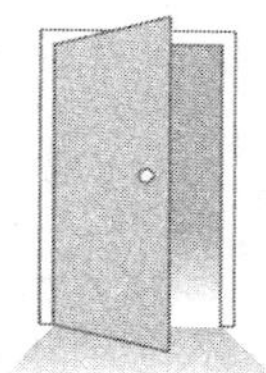

目 录

发 端

对 话

伦 理

科 学

技 术

发端

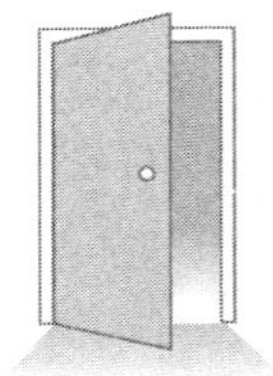

理解哲学

杨国荣/文

在“理解哲学”这一题目之下，我们面临着两个问题：一个是何为哲学，另一个是哲学何为，二者相互关联。“何为哲学”，在宽泛意义上接近于“哲学是什么”；“哲学何为”涉及的是哲学的意义，包括它可能具有的功能、作用，等等。我们先从第一个问题说起。“哲学”一词最初是西语 philosophy 的译名，在古希腊，“哲学”的意思是爱智慧，从这个意义上，我们也可以说哲学就是一种智慧之思。智慧的追思当然并不限于西方，事实上，中国的哲人同样很早就开始了走向智慧的漫长跋涉。

一、智慧：对“性与天道”的追问

谈到智慧，自然就涉及知识和智慧之间的关系问题。与智慧相对的知识，主要与具体的经验领域相联系，它以经验领域中具体事实为对象，以命题、范畴等对各种具体对象分别地加以把握。这方面，科学无疑是重要的形态。当然，知识不限于科学，但我们可以说科学是知识的一种比较典型的形态。相对于知识而言，智慧，如果借用中国哲学的表述，则更多地表现为对"性与天道"的追问。这里所说的"天道"，首先指向作为整体的世界以及世界本身的统一性或宇宙的终极原理；"性"则更多地与人自身的存在相联系，并具体展开为对人自身的本质、人的存在意义、人的完善等的追问。这样，"性与天道"在总体上即以宇宙、人生这样一些终极性的问题为其题中之义。如果由此追溯西方哲学之源，则可以看到，古希腊哲学家很早就提出了"认识你自己"的问题；这里所说的"你"，并不仅仅是人称意义上的"你"，这个"你"，我们可以把它宽泛地理解为一般意义上的"人"。另一方面，古希腊人很早就开始追问世界的本原、世界的终极原因，等等，这也类似于"天道"方面的问题。所以，从哲学本来的源头看，无论是中国古代哲学对"性与天道"的追问，还是古希腊人要求认识你自己、探讨世界的本原，等等，都已经表现出对于世界之"在"和人自身存在的一种追思。智慧的探索常常就表现为这两重追问，而这两者本身又是相互联系的：人们在追问世界的同时总是联系人自身的存在，或者说，人们总是在人自身的知、行过程中来追问世界之"在"。

当然，尽管性与天道在总体上是相互统一的，但是我们仍可以从不同的侧面考察二者。从"天道"的层面上看，作为世界统一性原理的"天道"首先意味着对存在的分离的扬弃。在此，我们可以把对于"道"的追问和对知识的追问作一分疏。就知识而言，每一具体的知识形态，如自然科学中的物理学、生物学、化学，社会科学中的社会学、政治学、经济学，等等，都有其独特的研究对象，而每一对象则又都有自己特定的规定和界域；与之相应，每一种知识形态都有自己确定的界限，它们彼此之间往往是无法越界的。如果孤立地从某一种特定的知识形态来看，它所把握的常常是存在的一个方面。例如，物理学所把握的就是对象世界物理的规定——波、粒子、力，等等；生物学把握的是生命对象的新陈代谢；经济学所把握的是经济活动的规律。就这些知识形态而言，它们都停留在对象的一个层面或一个方面上，没有也无须从总体上去把握。然而，存在本身是由多方面的规定所构成的，具有统一性；仅仅停留在一个层面上，显然不足以把握这个统一的世界。如何扬弃不同知识形态对存在的分离或分裂？在这里，以对“天道”的追问为形态的哲学智慧，无疑是一种不可或缺的进路。

就“性与天道”中的“性”而言，如我们前面所提到的，它往往更多地与人自身的存在相联系。智慧总是通过个体长时间的探索，逐渐地凝化于人的精神结构，成为人自身不可分割的一个部分。智慧并不是一种外在装饰，而是人的内在规定；智慧的具体内容，常常是通过人的认识、实践过程逐渐体现出来的。从这方面看，智慧的特点就是与人同在，而无法与人相分离：它作为人的精神世界、境界，影响着人的思维和行为，制约着人在生活世界中具体的选择。在某种意义上可以说，智慧即其人。

二、哲学：既是理论也是活动

以“性与天道”的追问为内容，哲学的沉思往往凝结为理论的形态。哲学史上留下的各种原创著作，便可以看作是哲学智慧的结晶。但真正的哲学总是同时在探索的过程中，逐渐地敞开自己，并展示自身的意义，而无法与沉思或探索的过程相分离；事实上，不仅哲学的理论形成于过程，而且其意义也展开于探索活动之中。就此而言，哲学既是一种理论，又展开为一种活动。作为一种理论思考的活动，哲学的探索不仅仅是记住几个术语、概念，或几个哲学家的名字，从本质上看，哲学是一种自由、独立的思考和探索活动，离开探索过程也就没有哲学。

哲学作为活动，其另一重含义是它与哲学史无法分离：哲学本身就体现在哲学的历史发展过程之中，离开历史过程，我们就无法回答或解决"哲学究竟是什么"的问题。要真正理解哲学的内涵，便需要与哲学家展开"对话"；思考、理解哲学的过程，也可以被看作是不断回到历史之中、不断地与历史中的哲学家对话的过程。这种对话，往往以诠释哲学家的思想为形式，哲学家的思想是其沉思过程的结晶，我们在通过诠释其思想而与哲学家对话的同时，也逐渐地揭示和了解其心路历程，并经历他的沉思过程。通过这种"对话"，我们就能逐渐对"哲学是什么"的问题获得比较具体的理解。

哲学作为一种活动，其含义还在于为道和为人的统一。所谓"为道"，就是哲学的探索过程，"为人"则是一个身体力行、实践自己哲学理念的过程。哲学并不仅仅是抽象的说教，也非仅仅停留于书斋中的思辨。哲学家们的思想和他们的实践往往具有内在联系。从历史上看，庄子以"自然"为第一原理，认为最完美的形态就是自然的形态，人类的文化活动、创造都是对天性的破坏，由此他提出了"无以人灭天"的原则。这种将"自然"理想化的观念，无疑容易忽略人类文明发展的价值；但从哲学理念上看，其中也包含着注重自然原则的趋向，这和儒家对"仁道原则"的推崇形成了对照。庄子不仅在"为道"

的意义上坚持自然原则，而且也将这一原则贯彻于其“为人”的过程。根据历史记载，楚威王曾派人请庄子去做楚国的相，但是庄子断然回绝。在他看来，相之位固然很高，但他宁愿像鱼一样，在小河中自由自在地生活，而不愿受政治生活的束缚。这样的生活方式、实践过程和他在哲学上坚持的原则是一致的。

当然，哲学作为一种活动，其特点更集中地体现在理论的层面，哲学本身即展开为一个无穷的理论追问过程。在日常生活中，当我们来到草原，看到“风吹草低见牛羊”的景象时，往往会禁不住赞叹自然之美；当我们走进森林，看到清澈的小溪，听到潺潺的流水声，也会自然地产生美感。这些“美”都是具体的美，是建立在日常经验之上的；而哲学则不满足于这种美感，不满足于作出这一种具体的审美判断，它要求追问“什么是‘美’”。哲学对“美”的追问与日常生活中的美感，差异就在于前者不满足于经验现象，而要求进一步追问美的内在本质。哲学总是进行终极性追问，而不是停留在现象的层面上。

哲学上比较系统的理论追问，可以借用康德提出的问题来说明。康德曾提出了四个著名的问题：我可以知道什么？我应该做什么？我可以期望什么？人是什么？这里的第一个问题涉及理论的理性或认识的领域，第二个问题涉及实践理性或伦理的领域。这里，我们也许可以区分作为社会现象的道德和作为伦理学说的道德哲学。道德主要展开为一种规范系统，道德哲学则要求进一步追问规范的根据。第三个问题涉及终极的目的和个人的终极关切，人既是有限的，又具有超越有限的能力；终极关切和人的这种独特的存在品格是很难分开的。康德所提出的第四个问题具有总结的性质。前面几个问题的追问，最后便归结到“人是什么”的问题。对于“人是什么”这个问题，我们当然可以从几个不同的层面去解释它，如生物学、人类学、文化人类学等，而对“人是什么”的更深层的分析，则展开于哲学的层面。具有不同哲学立场、不同哲学背景的哲学家们常常对此提出不同的看法。同时，对“人是什么”的追问，总是进一步把哲学的沉思引入到历史的领域中，从哲学史看，在康德提出“人是什么”这一类问题之后，历史的领域、历史的维度，在哲学中就越来越引起关注；在黑格尔那里，后来在马克思那里，对历史、社会这些层面的理解也越来越深化。

哲学作为一种追问存在的活动，同时也是一个不断地进行批判、反思的过程。哲学之思很少接受既成的结论，它不会对已有的知识、已有的教条、已有的看法，毫无批判地、现成地接受下来；哲学对已有的命题、观念、理论，都以批判的眼光加以反思，并要求进一步追问其根据。总之，它具有批判性的特点。同时，哲学家、哲学工作者对自己提出的观点、论点、命题，总是要进行论证。前面提到的“批判性”，主要是针对前人或是他人的结论、知识、命题而言的，表明哲学不是现成地接受已有思想。而对哲学家自己而言，当他提出一个论点、提出一个命题的时候，总是要进行细致的分析和严密的推论。哲学家的特点就是要进行批评和论证；他既拒绝接受现成的结论，也反对独断地给出一个结论；无论对他人或自己提出观点，都要进行分析、讨论。这种反思的、批判的态度以及注重推论的趋向，也构成了哲学活动的重要特点。

概而言之，以智慧的追求和探索为指向，哲学之思奠基于知和行的过程，展开于世界之“在”和人自身存在的内在统一，并具体化为对宇宙、人生的终极原理的不断追问；作为对世界总体上的把握，哲学试图达到的，是真实、具体的存在。在最宽泛的层面上，对“何为哲学”这一问题，我们大致可以获得如上看法。

三、哲 学 何 为

与“何为哲学”相联系的另一个问题，是“哲学何为”。要回答这一问题，我们首先需要考察一下哲学的起源，了解哲学是如何产生的。关于哲学的起源，东西方的哲学家往往有不同的看法。西方哲学很早就形成了哲学起源于惊异或惊诧的看法。古希腊的柏拉图、亚里士多德都认为，哲学最初产生于人类的一种惊异感或好奇心。如我们所知，“惊异”涉及知和无知的关系问题。对于一个完全认识、透彻了解的对象，我们不会产生惊异感；对于完全无知的东西，我们也不会产生惊异感；惊异常常是在知和无知的统一中产生出来的。就其内涵、实质来看，“惊异”事实上涉及一种理论的兴趣：认识往往发端于惊异；以“惊异”解释哲学的起源，相应地着重的是从人类的理论兴趣或者说理论需要这样一个层面来探讨哲学的产生问题。

与这一思路有所不同，中国古代哲学家更多地从忧患的角度来把握上述问题。我们都知道，中国最早的哲学经典之一是《易经》，在追问、探讨《易经》如何产生的时候，早期哲学家曾提出了这样一个问题：“作《易》者其有忧患乎？”事实上，这是用问题的方式提出一个正面的见解，在这里，《易经》作为中国最早的哲学经典之一，主要被理解为忧患意识的产物。“忧患”相对于“惊异”来说，更多地表现为一种对现实、对人生的关切，以“忧患”为哲学之源，相应地主要是从人类现实的需要、现实的关切这个角度来讨论哲学的起源。这些事实表明，哲学不仅仅是少数哲学家们关起门来进行思辨的产物，它的根源在于人的现实存在过程，在于个体、社会的现实的需要；这种现实的向度，同时构成了我们讨论“哲学何为”的基本前提。

具体而言，哲学在现实生活中的意义，大体上可以从两个方面来理解。其一，社会历史的层面。在这个层面上，哲学的意义之一，就在于不断地引导人们走向真、善、美的世界。关于这一点，我们亦可以从哲学本身的问题入手来加以考察。

如前面提及的，哲学是一个不断追思存在的过程。就人的视域而言，对存在的追问总是涉及“是什么”“意味着什么”“应当成为什么”等问题。从哲学的维度上看，“是什么”所追问的，不是具体的个体，而是存在本身，包括“世界的本源”“世界的真实形态”，等等。这种追问所指向的，是一个具体而真实的世界，它涉及我们一般所理解的“真”的问题。“意味着什么”主要讨论存在、世界对人所具有的意义，它可以是审美领域的意义，也可以理解为个体或社会存在过程中的意义；前者涉及“美”的问题，后者则以个体及社会的完善为内容，从而涉及“善”的问题。由此，我们可以注意到，“是什么”和“意味着什么”的追问，总是不断地引导我们达到“真”“美”“善”的统一。

第三个问题（“应当成为什么”）所涉及的，是如何通过我们自己的行动、自己的实践过程，来实现前面提到的存在、世界对我们所具有的意义，亦即如何把这种意义化为现实，这里就涉及一个变革世界的问题。一般而言，“是什么”和“意味着什么”的问题，还只是涉及说明世界的层面，其主旨在于解释这个世界，而“应当成为什么”的问题则以如何使这个世界合乎人的需要、合乎人的自由发展为注重之点，这就进入了改变世界的论域。我们可以看到，“是什么”“意味着什么”和“应当成为什么”的追问，一方面涉及真、善、美的维度，另一方面又把说明世界和改造世界联系起来。从总体上来看，这三重追问哲学的意义就在于，引导人们在知和行的统一中，不断地走向真、善、美的世界；这里无疑体现了哲学的规范作用。一般而言，理论总是具有规范的意义，哲学作为对世界的理论把握，同样不仅解释世界，而且也规范人的实践。从规范的角度看，哲学的功能当然不是具体地去解决一个一个特定领域中的问题，而是在总体上引导人们去创造和实现一个真善美的世界，而这同时也从历史的、社会的层面展示了哲学的意义。

其二，就个体的层面来考察，我们可以借用冯契先生的两句话：“化理论为德性”，“化理论为方法”。“化理论为德性”中的“德性”，并不仅仅限于道德品格的问题，它的意义和我们日常生活中说的“德性”不完全一样。这里的“德性”，我们可以把它宽泛地理解为一种智慧之境。具体而言，它包含几个方面的内容。首先是“以道观之”。我们一开始就提到过，哲学是对“性与天道”的追问；“以道观之”就是从道的角度、从总体上去考察这个世界、考察自我。从个体的角度看，“以道观之”意味着扬弃人自身的内在分裂或分离。我们都知道，在现实生活中，个体常常在不同的社会关系、社会结构中扮演不同角色，而每一种角色，仅仅表现了某一种特定的形态。当个体分别处于或定位于不同的角色时，他在某种意义上就呈现为一种分离的存在。“以道观之”要求扬弃个体的分离或分裂形态，重新从总体上去整合人，使人回归到具体的存在形态。另一方面，“以道观之”也意味着超越抽象的认识方式，克服自我本身在认识过程中可能产生的种种偏见，如实地去把握这个世界，达到真实的存在。

在道德实践的领域中，智慧之境就体现为孔子所说的“从心所欲不逾矩”。孔子在晚年回顾其一生时，认为自己到七十岁时已经达到了“从心所欲不逾矩”的层面。“从心所欲”表明人的行为完全出于自己的意愿，其选择完全是自愿的，这里不存在勉强和外在的强制。“不逾矩”中的“矩”泛指社会的规范，“不逾矩”也就是不违反这种规范，它所体现的是一种行为的自觉性质。如果我们由此作进一步考察，则可以将道德行为区分为三个相互联系的方面：其一是“自觉”之维，道德主体应当具有理性的意识，他的行为也应当是自觉的，而不是盲目、本能的；其二是“自愿”之维，即行为不是在外在力量强迫下做的，而是出于自己的自愿选择；其三，“自然”之维，前两种形态（“自觉”和“自愿”）在某种意义上还含有有意而为之的意思，表明行为还需通过自己的努力，还依赖于自己的自觉思考、意志决断，等等，“自然”的境界则包含了自觉与自愿，但同时在某种意义上已经超出了有意而为之的层面，达到了一种从容中道的境界：个体在不同场合的言行举止，既无需任何勉强，也不表现为一种有意而为之的过程，而是不假思索，近乎自然，这是一种非常高的境界。我认为，智慧之境在道德实践的意义上，就是以此为其内在特征。

在审美的领域，智慧之境涉及合目的性和合规律性的统一问题。审美的过程一方面具有合目的之性质：我们进行审美判断的时候，对象、外部世界的一些构造、比例、色彩似乎合乎我们的审美要求，这个过程可称为一个合目的性的过程。但另一方面，个体在对对象作审美观照时，并不是用一种功利的意识去扭曲对象，用黑格尔的话来说，它依然让对象“自由独立”地存在。在此意义上，审美过程既可以说是自然的人化（自然的对象进入到人的审美过程当中来，成了人的审美对象，并获得了审美的意义）；同时也表现为人的自然化（人不是用某种功利的观念去改变、扭曲对象，而是让自然以自身的形态存在）。这里，智慧之境确乎表现为一个合目的性和合规律性相统一的境界。顺便提及，从上述观念出发去处理生态环境等问题，同样是非常有意义的。随着现代化过程的发展，生态环境的恶化等问题越来越突出。对此，我们往往主要是从伦理的观点来考虑，并由此提倡尊重自然；我们通常所说的生态伦理、环境伦理，就是基于尊重自然这样一个伦理观念。然而，事实上，如果我们从审美的角度去看待生态环境，往往可以获得对环境和谐、生态平衡更深刻的理解：一个被人为破坏的环境或生态，同时也不符合审美理想、缺乏美感。

如前面提到的，“是什么”“意味着什么”“应当成为什么”三重追问着重从类、历史的角度，不断地引导人们走向真、善、美统一的世界，相对的，智慧之境更多地从个体的角度，展示了对真、善、美统一的向往和追求。当然，二者并不是彼此分离的，事实上，当我们从审美理想的角度考察生态等问题时，智慧之境的意义已超越了个体之域。同时，个体的境界并非仅仅停留在精神的层面，以真、善、美的统一为内容，智慧之境最后总是要化为个体的具体行动。在这里，我们可以再次看到，境界和人的存在是不可分离的；境界总是外化于行为，体现于人的知、行过程。

对知和行统一的进一步考察，便涉及前面提到的冯契先生的另一句话，即“化理论为方法”。所谓“化理论为方法”，就是以智慧的探索所达到的观念和学说，指导我们的认识和实践过程，使之转换为观察问题、解决问题的原则。广而言之，哲学沉思的过程，同时也是一个锻炼我们理论思维能力的过程。对此，恩格斯曾经说过一段很著名的话，大致意思是：一个民族要站在世界文化的高峰，就一刻也不能没有理论思维。那么，如何来提高理论思维的能力呢？恩格斯认为：到目前为止，除了学习哲学史之外，没有更好的方法。通过思考哲学问题、通过回顾和反思哲学的历史，我们自身也往往会经历一个理论思维能力不断提升的过程。前面曾提到，要理解哲学，我们必须回到哲学的历史，去学习和阅读历史上一些大哲学家的著作，这种阅读的过程，也是和哲学家不断地对话的过程。通过对话，他们的思维历程向我们敞开，我们能领略他们的问题意识，并具体地了解他们解决问题的方式；在这一过程中，我们自身的理论思考能力也会经受锻炼，并逐渐得到提升。这种理论能力并不仅仅作用于哲学的思考，它也可以进一步运用到我们思考具体问题、解决具体问题的知、行过程。从这一意义上说，哲学对我们的日常生活、对我们所从事的各种不同领域的实践，同样具有不可忽视的意义。

至此，我们看到，“哲学何为”与“何为哲学”二重提问所涉及的，是相互关联的两个方面。以“性与天道”的追问为指向，哲学的智慧展示了其“无用之大用”：言其“无用”，是因为哲学不同于具体的知识或技术，它并不能代替后者去解决具体的问题；言其“大用”，是因为哲学领域中的智慧探索与智慧之境，总是通过对知、行过程的普遍规范，不断在个体与人类的层面，引向真善美的统一。

一起思考

1. 为什么知识多的人不一定有大智慧？这是否意味着，要成为有智慧的人并不需要知识？

2. 你觉得哲学有用吗？为什么？

推荐阅读

1. 加雷斯·B. 马修斯：《哲学与幼童》，陈国容译，蒋永宜校译，北京：生活·读书·新知三联书店，2015 年。

2. 加雷斯·B. 马修斯：《与儿童对话》，陈鸿铭译，北京：生活·读书·新知三联书店，2015 年。

3. 杨国荣：《理解哲学》，北京：北京大学出版社，2021 年。

对话

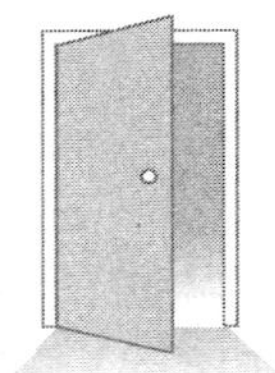

与哲学结缘在中西之间

——童世骏教授访谈

2021 年 4 月 7 日下午，童世骏教授在华东师范大学闵行校区人文楼 2204 会议室接受哲学系研究生杨珊、尹紫涵、陈慧婷的访谈，本次访谈主要围绕童教授青年时代与哲学结缘的契机、在华东师大跟随冯契先生求学的经历、在欧洲游学过程中与著名哲学家的交往活动以及在行政工作、学术研究和日常生活之间的平衡经验等事宜展开。访谈中，童教授分享了许多自身的学习经验、思考问题的方法以及对待生活的态度，诸位访谈人均深感获益甚多。以下访谈内容由杨珊同学记录和整理，尹紫涵、陈慧婷参与修订。

Q: 童老师您好，我们了解到，您最早接触哲学，是在作为知识青年下乡扎根农场的时候。那时您被推荐去参加“工人理论写作班”，并且在学习期间，学员们还需要去电视台、电台主讲哲学讲座。可以谈谈这段经历吗？

A: 好。我昨天刚好经过北京东路 2 号，它原来就是上海人民广播电台的所在地。我在 1975 年年底，也就是 17 岁的时候，在那个地方做过讲座。当时上海人民广播电台是在北京东路，电视台是在南京东路。

讲座的题目叫“共产党的哲学是斗争的哲学”。讲之前，电台的编辑又加了——我们现在可以说是反映那个时代特点的——一大段话。这段话我们现在肯定是作为深刻教训来讲的。当然今天我们也讲斗争精神，但和那个时候讲的斗争精神是不一样的。我们现在的斗争是要维护改革开放的成果，是要继续中华民族伟大复兴的历史进程，而实现中华民族伟大复兴的一个非常重要的方面，是和谐社会的建设。

Q: *那是不是可以这样说，您哲学意识萌芽的契机，就是在这段时间？*

A: 也可以这么说。但是现在回过头来看，说不定就会发现，其实在这之前我就对那些叫作哲学的问题有点感兴趣。比如“文化大革命”期间，那时我还在初中阶段，我们被要求写批判老师的文章。当时，有一位语文老师经常叫我们背诵课文，他说课文很重要，一定要背，背着背着就会顿悟课文的意思。我就写文章批判他是唯心主义。

那时我确实萌芽了一些哲学意识，或许对以后产生哲学兴趣、走上哲学道路有一定的影响。但最重要的还是因为我在1975年下半年至1976年年初的时候，去市里面参加了市委写作班的工人理论学习小组。当时我们的重要任务就是撰写文稿，在电台、电视台做讲座。因此那段时间我也读了一点哲学的书。

那4个多月的时间，其实还是蛮幸运的。因为当时我们享受的待遇几乎就是研究生的待遇了。不仅有指定的老师辅导我们读书，而且所有的图书馆全部对我们开放。要知道那时候图书馆基本都是不外借图书的。因此我多读了好多书。

在去学习小组之前，对一些最基本的哲学著作、哲学人物，我其实是一无所知的。冯契先生我当然不知道。还有艾思奇，大家都很熟悉的《大众哲学》是他的代表作，包括《辩证唯物主义 历史唯物主义》的教科书等都是他主编的，但是我完全不知道，是到那里读了这些书以后才知道的。

后来报考大学，我是把哲学作为填报专业之一的。

其实我的兴趣比较广泛，填的第一志愿是复旦大学国际政治系，因为当时我对英语比较感兴趣。所以现在到上海纽约大学去我还是觉得蛮开心的，毕竟报第一志愿的时候，就想着进行一些国际交流、国际研究方面的学习。第二、第三和第四个志愿分别是文史哲，依次填写的。

后来可能他们招生的时候，就发现这个人什么志愿都有，没什么特别的兴趣，就把我招到了华东师范大学——当时还叫上海师范大学——的政教系。因为政教系前两年是不分专业的，三年级开始分三个专业：哲学专业、经济学专业、科学社会主义专业，我就选了哲学专业。四年本科毕业以后，我就考了冯契先生的硕士研究生，在马克思主义哲学专业。三年后毕业就直接留校了。

Q: *所以说您是在政教系学习的前两年里坚定了后来学哲学的想法吗?*

A: 对，应该就是在那个时候。在政教系学习的前两年使我对哲学的兴趣浓厚了许多。

Q: 当时是有什么特殊的学习经历吗?

A: 很简单，我觉得有两个。一个就是我原来学过哲学，在市委写作班的工人理论学习小组里学过；另外，我觉得跟冯先生后来解释自己为什么学哲学也有点类似——哲学特别满足你的求知欲。

比方说你对哲学感兴趣，也对物理学感兴趣，你就可以学物理哲学，也可以研究物理哲学；你对数学感兴趣，可以研究数学哲学。你选择哲学作为你的专业，不妨碍你对其他任何专业的兴趣。因为哲学本身就是需要去了解各个专业，要善于在日常生活和专业领域之间进行沟通，在不同领域之间，也要善于沟通，这才是好的哲学。所以哲学比较能够满足我的求知欲，这确实是一个很重要的理由。

当然也可能是因为我在对历史事实的记忆方面比较薄弱。虽然刚才说到我在本科报考志愿的时候把历史也写上了，我现在也依然对历史有兴趣，但是我的记性不太好，所以有时候那些历史事实也记不太清楚。不过我对概念的记忆能力比较强，只要把问题作一个概念的表达，我就比较容易记得住。除此之外，数字、人名，我都记不大住；而且对经济，特别是那些和钱有关的东西，我也不是很有兴趣，比较理想主义。大概和这些因素都有点关系。

Q: 我们还听说您在 1989 年的时候就拥有了电脑。

A: 其实 1988 年就用电脑了，那时候我去挪威访学。那时挪威人也刚刚开始用电脑，挪威的大学教授是有电脑的。正好那个时候有一个很有名的教授，他不喜欢电脑，也不常到办公室来，后来系里面干脆就把老教授的办公室连同他的电脑一起让我用了。所以我 1988 年就开始用电脑做笔记、写东西，因为一直是用英文，所以中文的打字速度到现在还是不行。

后来我又注册读了那里的博士研究生。1989 年 8 月要离开的时候，突然发现系里给了一大笔经费，足够买一台电脑了，我就给自己买了一台东芝的手提式电脑。当时不叫 laptop，叫 portable computer，它配有个包，电脑放在里面，旁边还可以放台打印机。很遗憾，包和打印机都被扔掉了，现在只有这台电脑还留着。

1989 年 6 月以后回国的学者不多，我是 8 月回来的，所以学校还把一间 12 平方米的房间奖励给我。我当时已经结婚，有一对双胞胎孩子了，所以开心得不得了。现在看来是不可思议的，四口之家住在 12 平方米的一个房间里面。所谓分房其实就是租。前几天我正好理东西，看到月租费的单子，当时大概是每月四五块钱，所以居住条件也是很简陋的。4 个人住 12 平方米，但那里面有一台当时全校最高级的电脑。

Q: *在华东师范大学跟冯契先生学习，与您在国营农场的学习有哪些不同？在跟冯契先生学习的过程中，您最大的收获和感悟是什么？*

A: 除了到市里面来学习的那段时间，在农场的学习条件还是非常艰苦的。我是硕士研究生阶段开始跟冯先生学习的，当时冯先生基本上没有给本科生上过课。现在回过头来看，他当时其实是非常不容易的，忙得不得了。百废待兴，他既是国务院学科评议组成员，又是上海哲学学会会长，同时也是好几个哲学组织的创始人，而且在上海社科院也兼任副院长，两边都要带研究生，加上又是政教系的主任，忙得一塌糊涂。

1982 年初，春天的时候，我进入了硕士研究生阶段，张天飞老师协助冯先生指导我和我的同专业同学马建模。导师还是非常重要的，因为要读的书非常多，他会让你知道哪些书是重要的，哪些是不重要的，哪些问题是重要的，哪些问题是不重要的，哪些思考方法或者写作方法是靠谱的，哪些是不那么靠谱的。靠自己摸索的话风险很大，而且效率不高。跟着冯先生、张老师在这些方面就能得到很多提高的机会，当然也取决于你是不是能够用好这些机会。

Q: *冯契先生有哪些令您印象深刻的品质或是特点?*

A: 用我们通常的话来说，冯先生在学术上是中西马贯通，而且是很扎实的。冯先生在 20 世纪 80 年代中旬就出版了《中国古代哲学的逻辑发展》一套三本书，而且他在哲学界发表的主要成果都让大家觉得他是中国哲学史的研究专家。但是我们在他身边就比较清楚，他研究中国哲学史是有非常扎实的哲学理论作为依据和支撑的。当然他的哲学理论研究也得益于他的哲学史研究，并且他对中国哲学史的研究，和他对西方哲学史的研究也是密切贯通的。所以这培育了我们华师大哲学系非常好的一个传统，即中西比较、史论结合。这都是非常自然的传承。

这些都是在冯先生那里得到的非常重要的收获。

Q: 我们了解到，您先后师从冯契先生、希尔贝克教授，在欧洲游学的过程中还遇到了著名的学者，比如说哈贝马斯、罗蒂等，您跟他们也有过交流。这些经历对您的哲学之路有什么样的影响呢？表现在哪些方面？

A: 对，这个问题问得非常好。因为有的时候你的人生道路也好，你的专业发展也好，往往会有一些不在你计划之中的，不能筹划和盘算的东西。但重要的是，多少年以后你能够把这些看似偶然出现的点，连成比较顺的线。这里会有幸运或不幸运的各种因素在起作用，我觉得我还是比较幸运的，就像我到希尔贝克门下学习也是很偶然的。

一开始我到挪威去找的导师不是他，是阿恩·奈斯，维也纳学派中的一位挪威哲学家。改革开放刚开始时，他来中国访问，来过上海，冯契先生接待过他。后来我有机会到挪威去学习，就自然想到了他。因为他不论是成就还是名声，都是非常突出的。

但是那时候阿恩·奈斯已经退休了，他表示愿意帮我推荐挪威其他哲学家。不过我还是自己去找了，因为当时我对另外一个教授所做的工作有点儿了解，他的名字用中文翻译过来叫作特伦诺伊。那时候我以为他还在卑尔根大学，就去了。但到了以后我才知道他已经离开卑尔根，去了奥斯陆大学。所以卑尔根大学就给我指定了另外一个导师，是特伦诺伊的学生，希尔贝克。他其实是我在挪威寻找的第三位老师，而这位老师的哲学造诣、学术兴趣、学界人脉，以及和人打交道的风格，也都让我后来受益匪浅。

我在中国跟冯先生学的是马克思主义哲学专业中的认识论

方向，希尔贝克也碰巧是一个西方马克思主义者。所以我虽然到了挪威，但和马克思主义哲学的学术传统也连得上。希尔贝克是挪威卑尔根大学刚成立的一个科学论研究中心的主任，他研究科学哲学，跟我的专业能贯通。而且他走的是西方哲学当中的批判理论的传统，属于法兰克福学派的传统，他与法兰克福学派的学者非常熟。

此外，我在写硕士论文的时候，比较多地关注两个西方哲学家，一个是杜威，一个是波普尔。后来我才知道波普尔和哈贝马斯在 20 世纪 60 年代初进行过一场争论，这场争论对哈贝马斯其实影响蛮大的。哈贝马斯的理论叫批判理论，而波普尔的理论叫批判理性主义，所以两种理论实际上是能衔接上的。杜威是美国哲学的主要代表，哈贝马斯在所有的欧洲哲学家当中，可以说是受美国哲学影响最大的一个。后来也专门有论文集、专著来研究哈贝马斯和杜威之间的关系，而我是比较早就看到了哈贝马斯和杜威之间的联系了。

所以整个经历都连起来了。

因为在挪威认识了希尔贝克教授，后来我就把他请到中国来了。冯先生在家里宴请了他，他们也谈了好长时间。因为冯先生家里不大，所以很少有人能享受到在冯先生家里吃饭的待遇。可惜那个时候没有（保留历史材料的）意识，没有拍照，就没留下他们两个人一起谈话、一起吃饭的照片。

因为希尔贝克教授，我认识了哈贝马斯，然后因为做有关哈贝马斯的研究，就和罗蒂、普特南、伯恩斯坦这样一些学者有了交谈。这都是后来发生的事情了。

哈贝马斯有一个什么特点呢？他是把欧洲大陆哲学和英美哲学贯通起来的一个哲学家。其实从哈贝马斯出发，要了解其他哲学传统，特别是当代哲学，都比较方便，都是比较顺的。这也是我觉得自己比较幸运的一个地方。

而罗蒂跟哈贝马斯观点相差很大，他们两个人有好长时间的争论。罗蒂去世以后，哈贝马斯写了一篇非常感人的文章，回忆他们之间的友谊。在罗蒂生前，哈贝马斯就有一篇评论罗蒂的、非常长的文章，也写得非常好。所以这也是我自己觉得收获特别大的一个地方。我说不上是经历了他们之间的争论，但至少是比较近距离地看过他们怎么交流、怎么处理哲学和政治的关系，包括处理学问和做人之间的关系。这些都是非常有意思的。

Q: *您在经历这些前辈之间的交流，或者说在您自身与他们的交流中，这些经历有没有对您的哲学研究产生比较显著的影响？*

A: 哈哈，我不知道，这个要让别人来说。至少我觉得收获蛮大的，比方说 2004 年我们邀请罗蒂在华东师大开一场学术研讨会，专门讨论中国哲学和美国实用主义哲学之间的关系。在这样一个非常近的距离下，你去看一个大哲学家、这种层次的哲学家是怎么开会的，在会场的时候，是什么样的表现，包括怎么聆听别人的报告，怎么回应别人对他的批评，怎么对待这个会议，会议结束以后怎么认真地去编写论文集，真是蛮有收获的。我跟罗蒂在日本也一起开过一次会，也是讲美国实用主义哲学的。他坐在第一排，因为他年纪比较大，听力不是特别好，但他从头到尾绝对不会懈怠。国内有一些大牌学者，别人讲的时候他不来，他自己讲完以后就走了。罗蒂不是这样的，哈贝马斯也不是。我在美国时与哈贝马斯一起参加过几次会议，整个会议过程中只要有可能，他就坐在前排。有一次开会他来得比较晚，看前排的位置都满了，他就只好在角落里找了个位置。但是整个会议他依然全神贯注，该提问题的时候就提问，该争论就争论。从这样的经历中我还是收获蛮大的，不光读他们的书，还看到他们怎么去处理一些非常具体的问题。

Q: 那您觉得这些哲学家之间有没有什么共性的特质？

A: 所有好的学者都有共性的特质，和他们是不是哲学家可能关系并不大。哲学没那么神秘，没那么特殊。

Q: 那我们谈谈您的工作吧。您以前在哲学系里工作，包括后来在华东师大担任校党委书记，这些工作都需要关注到很多方面的问题。那么您作为一个领导者，在处理工作以及生活上的问题时，学哲学的这段经历是否对您有比较积极的影响呢？

A: 应该是有点影响的，但这个是相互的，也可能是哲学影响了我，也可能是我因此就选择了某一种类型的哲学，哲学是多种多样的。

我觉得我做管理工作，非常重要的一项是做沟通工作。方方面面的沟通，包括班子成员之间的沟通，干部和群众之间的沟通，不同学科之间的沟通，校内校外的沟通，学术和政治、不同利益之间的沟通，这些沟通需要有转变视角的能力，有愿意倾听、愿意理解的诚意，也要有用来进行梳理、进行澄清的概念的储备。这些大概都和我学的专业是有点关系的。当然也可以反过来说，因为我有这样一种追求，有这样一种兴趣，有这样一种愿望，所以我更愿意去读冯先生这样的哲学，更愿意读哈贝马斯这样一种哲学，比较重视理性，比较重视论辩，比较重视平等待人。大概是相互的。

Q: 您为什么用“业余的哲学家”来自称呢？

A: 对。这是我为自己找的一个台阶。因为读书时间少了，短板自然会越来越多，所以不如干脆自己先承认自己是个业余哲学家。

Q: 您当时在继续走学术道路和做行政工作这两方面作出选择的时候，是出于什么样的考虑？

A: 这个事情就有点像我当初到崇明农场去一样，你可以说是有选择的，也可以说是没选择的。

我有一个特点——我有的时候也会提醒自己，不要把这种特点变成是一个弱点，甚至是一个污点——我喜欢用英文的说法，即 make a virtue of necessity，就是把一件必须做的事情变成一件你愿意做的事情。好多时候其实不是所有东西都能如你所愿的，更何况你原来的愿望未必也就那么周全。当集体的信任、组织的信任、同志的信任摆在你面前，你会觉得个人的私利实在太渺小了，还是要配得上、也要珍惜组织和同志们的信任。

所以也就做了这样一个不是选择的选择。

好在我是在华东师大这样一个综合性研究型大学做管理，

它有很鲜明的哲学传统，我可以把对专业的兴趣和对工作的付出结合起来。

那么甚至还可以说，我因为成了业余的哲学家，或许我离哲学更近了，而不是更远。因为真正意义上的哲学，我觉得它最好不要有特别刚性的要求、考核的要求，不要有利益的束缚。没有这些东西，我倒可以把哲学做得更纯了。

这不完全是一种安慰。有时候看到一些老师手里有些经费用不掉了，很急，要去开会、要去怎么样，或者说每年有考核的任务，或者说要在哪个学会中、哪个场合上得到一个可以象征着认可程度的位置或荣誉，符合一些从外部证明一个学者到底成功不成功的标准。这些我就用不着考虑，我反正已经不是一个专业哲学家了，反而可以更加纯一点。

Q：最后一个问题。刚刚您提到您其实也是一个比较理想主义的人，您写欧洲游学的那篇《记一次与"乌托邦终结"有关的多国之旅》，也是写得挺浪漫的。如果当年您有选择的话，会继续从事跟哲学相关的工作吗？

A：让我选择的话，到现在我依然是想回到书斋、课堂上去做哲学思考、哲学研究。但有的时候并不完全是靠你自己的选择来落实你接下去要做的事情。反正最好的办法还是把几个方面结合起来。所以我前面讲到冯契先生的时候，我也讲了他人生当中的几个方面的结合。比如学术发展的某个大问题，个人生活的大的兴趣，整个社会的大的需要，还有你所在的集体，它对你的期待，它给你的任务，等等。如果能够把这些结合起来，这样是最好的吧。

Q： 好，谢谢童老师的分享。

一起思考

1. 你觉得什么样的问题是哲学问题呢？

2. 在你的成长过程中，遇到过哪些哲学问题？

推荐阅读

1. 张天飞、童世骏主编：《哲学概论》（第二版），上海：华东师范大学出版社，2008 年。

2. 童世骏：《求知明理：日常生活的哲学思考》，北京：北京师范大学出版社，2010 年。

哲学与生活

——陈嘉映教授访谈

2021 年 4 月 6 日下午，陈嘉映教授在华东师范大学闵行校区人文楼 2204 会议室接受哲学系本科生赵宇慧、王旌伊、吴宇昕、郭舒佼、胡可欣、陈禹锟及博士生云天遥访谈，内容主要围绕教授自己的学术经历、哲学学习建议、哲学前沿问题以及当下社会热点议题等方面。在整个访谈过程中，陈嘉映教授以深入浅出、幽默风趣的语言和同学们交换了许多观点，气氛轻松活跃，同学们深受教益。以下访谈内容由赵宇慧记录和整理，王旌伊、吴宇昕、郭舒佼、胡可欣、陈禹锟参与修订。

一、生活经验、系统反思与哲学训练

赵宇慧：我先抛砖引玉。您之前在一些访谈中提到，您一向主张取消哲学本科。我们作为哲学本科生，对这方面有一些疑问。您提到的理由是，哲学是对经验的反思，是对知识的反思。您现在还是持这样的看法吗？或者说，对于我们这样的哲学本科生来说，您有什么样的建议吗？

陈嘉映：对，我印象中，国外的哲学本科生的确是不多的，所以，如果放眼更宽的范围的话，我的想法也不是那么奇怪或者离经叛道。中国可能出于各种各样的原因在哲学系设置了本科。从中国的大学管理制度来说，所有院系都要设置本科是自然而然的。既然有哲学系、有本科，然后有同学又考到哲学本科，我就希望同学们能在本科阶段，不要把百分之百的精力投在哲学上。但这又有一个问题，在中国特别讲究考试的环境里，如果投在哲学上的精力不够，考试成绩可能受影响，所以我的建议又显得有点危险。我得假设我没准备考研或者对于考试没那么在意。我还会建议为哲学本科生设立一两门"准专业"，比如说我对物理学特别感兴趣，我可能达不到物理本科的水平，但是我可以比较集中地学习物理，或者计算机，或者历史学之类的学科，这些科目的考试也折算入我的毕业成绩。我觉得那样对自己的培养会比把全部的精力都投在哲学上来得更有益处。

王旌伊：那篇文章我也看了。您主张取消哲学本科的其中一条理由是说，像我们年纪还比较小，没有什么生活经验，可能学哲学也学不太明白。但是其实我个人学哲学就是因为生活中有很多东西不太明白，才会来学习，才会来找答案。所以，我觉得这个理由可能有一点点……不太能说服我？

陈嘉映：我明白你的意思，但是你说找答案，在某种意义上这答案真是要找一辈子，这一类思考是个很慢的功夫，可以慢慢来，等你有了更多的生活经验或者更多的知识，你找到的答案会很不一样。

吴宇昕：这个问题涉及作为专业的哲学与所谓哲学本身的区分。我觉得把哲学当作一门专业来学，和那种传统意义上的哲学还是有区别的，因为哲学作为一种专业，必须要有一些考核以及课程标准，这样就相对来说比较僵化。其实至少我个人在系里也学了很多我并不那么感兴趣的东西，或者说我个人认为对我来讲帮助没有那么大的东西。我看了很多书，大多数都是非专业的，像物理和历史我都挺感兴趣的。我一开始是想进物理系，但是后来觉得我数学不够好。所以，我觉得我们系或者所有哲学专业，应该增加一些比较通识的内容。

王旌伊：我觉得也不一定。虽说可能有些课程对自己帮助不是很大，但是如果把这些知识学透了，还是会有很多有益的地方。

吴宇昕：对，从另一方面讲，最终这些东西都是有帮助的，是吧？没有一本书可以说是没有用的，再烂的书似乎都可以看出一定道理来、可以从某种角度来解读，只是看你怎么理解。但我觉得对于大多数学生来说，可能还没有达到形成这种能力的时候，可能还是需要考虑一下改变培养的方式。

陈嘉映：对，我比较同意吴宇昕的观点，读一本书总是会有用的，或者说你也不能断定这一定没用，只是，有那么多书，你毕竟还要有所选择，可能选最有用的或者看起来最有用的。不同学科也有区别，学数学，进阶比较分明，有些基础的东西，可能你现在看起来没用，但是将来可能很有用，哲学不完全如此，哲学不是那种一阶一阶很分明的。

郭舒佼：我有一个问题。您看有两个群体的人，一部分人是直接通过实践——就是您说的以经验去理解生活，另一部分人可能在没有直接理解生活之前，就先接触了哲学，比如我们这群哲学系的本科生，所以我们可能看待生活的时候会多一些和直接用经验去理解生活的人不太一样的视角。您怎么看待这两部分人各自的特质，而这种特质对于个人发展又会有怎样不同的影响？

陈嘉映：我今天就是来和大家聊天，不是来上课的，所以我说的好多都出于我个人的经验，大家别太当真，只要知道有这么一个经验或者一个想法就可以。回到你的问题，你要是让我用一句话来概括哲学——这可能很危险，但我大概会这么概括——就是对生活的系统反思。大家也了解我的想法，这句话可以稍微扩展一点：所谓反思生活，当然也包括反思世界，思考人处在宇宙的什么位置，我又处在"人"里的什么位置——这都是当然之义。

至于"系统"，我有时候会把它说成概念层面上的反思。这话是什么意思？一件不公的事情引起你的反思，可能把你引向更一般的反思，去思考什么是公平。我们平常要判断的是这件事情用那种做法是不是公平，你反思何为公平，这就是概念层面上的反思。这是我对哲学的一个理解，我觉得这个理解是挺靠谱的。

回到你的问题，我是那么想的。有些人有哲学倾向，有些人不是。后一类人，碰上一件不公的事儿，想的是怎样解决它、改变它，前一类人，不是处理完了就结束了，会把自己带到比较系统的反思层面上，他会去琢磨：到底什么叫作公平？

什么叫作正义？不妨说，一个是行动派，一个是思想派。我们每个人身上都有这两种倾向，但有的人这种倾向重一点儿，有的人那种倾向重一点儿。

刚才说，反思生活需要生活经验，生活经验不足的时候就在反思层面上下很多功夫，往往失之空泛。但年轻时候练习一些概念反思，如果你处理得好的话，也有好处。我举个例子。蔡元培讲到，新文化运动的时候他痛恨旧的教育制度，觉得自小背诵那些四书五经，根本背不懂，简直浪费时间。不过后来等到岁数大了，他发现小时候学的那些其实也是有好处的，那些东西在脑子里，需要的时候就能左右逢源地把它们调动起来。你可以用这种态度来处理概念反思层面上的练习，没太真懂也没关系，至少在功课的层面上弄懂了。只是不要以为自己就真懂了很多——实际上这只是一个准备。

胡可欣：前段时间，倪梁康老师来思勉人文高等研究院做了一次有关意识哲学的讲座。其间他提到这样的问题：如果现在要做意识哲学的工作，最理想的背景是本科学习医学或者生物学，硕士研究生阶段学习计算机科学，在博士研究生阶段再回来学习哲学。这是一个很有趣的意见。我很好奇，您在这方面有什么见解？

陈嘉映：倪梁康老师是我的好朋友，一般来说我不太会反驳的，是吧？（笑）我把这个事情扩展点来讲，现在技术、科学几乎已经笼罩着我们的生活，我们不能不多懂点技术、多懂点科学。我举个例子，比如说研究伦理学，按说这比较偏哲学，但是对心理学甚至生理学之类的多知道一点也有好处。但是这就带到了另外一个问题了，现代所有研究学术的人所面临的一个基本的困境：可学的知识太多，知识的门类也太多。我经常讲这点，比如说孔子当时博学得不得了，可你数数他一共读过几本书，那时候根本就只有那么几本书而已。他们那时候读书不叫读书，都是把书背下来，然后反复咏诵、反复思考，那叫读书——跟咱们现在读书就完全不一样。现在这天下的知识真是无穷无尽，很难说能找到一个理想的模式来系统学习。我觉得这要看你想干什么，要是真的想做大问题，确实是技多不压身，但比较现实地说，我更倾向于“以点带面”。比如说读哲学史，我一向都认为最好是在一两个哲学家那里下比较深的功夫，对其他哲学家有个了解，而不要齐头并进。对于刚才所说的各个科目上面，我也倾向于这么看，你最好对一两门学科，比如对生物学，了解得比较深入，至于深入到什么程度，也许深入不到可以给别人上课，但是最好能深入到能读懂专业文章。其他的，多多少少有点儿了解。总的来说，我觉得这种知识结构比较现实。

赵宇慧：那在这“一两个哲学家”的选择上，我是应该根据自己的兴趣，还是根据他们在哲学史上的地位或重要性来进行选择呢？

陈嘉映：一般说来，把两者结合起来比较好。不见得一定要选那些最重要的，比如康德、柏拉图；但如果你要选一个特别偏的哲学家，也不是特别好，一个原因是——我说的原因有时候是比较具体的，甚至比较世俗的——没有人跟你谈，你谈了人家也不知道。但我补充一句，我觉得在你们这个阶段，不要把集中于一两个大哲学家太当回事，你们现在倒是处在一个需要广泛了解的阶段，太早地就进入对一两个哲学家的研究反而有可能走偏。

王旌伊：您应该就是最早先进入海德格尔他们吧?

陈嘉映：不能那么说，你看我系统读海德格尔是 1979 年在北大的时候，当时是 27 岁。之前我瞎读，对很多哲学家都了解一点。你要说读得比较系统，我之前系统读的是黑格尔，没读懂，模模糊糊懂一点儿。你们现在可能处在“都读”的阶段，当然可以有偏重，但是不见得要读得特别专门。

二、分析哲学、“应用哲学”与民间哲学家

陈禹锟：我想顺着您这个问题说。现在英美分析倾向的哲学特别强调做问题，或者说问题意识。有一些比较新近的文章，特别是在知识论以及心灵哲学领域里的，看这些文章不需要有太多的哲学史的背景，甚至整篇文章都不用提到那些传统意义上的哲学家，最多提到笛卡尔或康德。有一种说法是，只要读最近二十年的论文就足够搞当代知识论或分析哲学了。而作为本科生，通过阅读这些文章，我们看起来好像更好入门、更能够一下子深入到他们这些哲学家的前沿的讨论之中。您觉得这种做哲学的方式和以往的做法有什么不同呢?

陈嘉映：OK，good question. 分析哲学的确有这个特点。不过，分析哲学在这方面变化不小。你刚才那个描述比较适合 20 世

纪六七十年代的分析哲学，到了 80 年代之后，分析哲学发生了很大变化。像布兰顿、麦克道尔这些人，包括刘易斯，都是哲学史的相当行家。这个转变在我看来是有一定道理的。分析哲学的那种所谓以问题为导向的做法并不是特别果实累累。20 世纪，到 60 年代，罗素提出摹状词理论写出《数学原理》，赖尔写出《心的概念》，葛梯尔提出知识论中的葛梯尔问题，好像有很多激动人心的成果，但后来回顾，这些成果不像当时认为的那么富有革命性。再往后，很少再有这类有广泛影响的成果，虽然分析哲学内部的一些讨论还兴致勃勃，但从一般思想的角度看，这些讨论往往显得挺 trivial（琐碎）的。七八十年代之后，反而是那些有比较深厚的哲学史传统的人，他们结合哲学史的思想来处理问题，把分析哲学推到了一个新的深度。

当然了，即使我说的情况为真，也不完全否认你的问题。就分析哲学的某些技术性方面来说，你不一定需要太多的哲学史。例如，如果你做的是数理逻辑方面的工作。不过，从一般思想角度说，我不认为哲学可以像理科那样明确定义何为前沿问题，我倒认为真正的哲学问题都是源远流长的问题。当然，我们都是从当前的思想状况来重新思考这些问题的，但若这么说，大陆哲学也一样。

王旌伊：之前同学说到，那种作为专业训练的哲学和作为生活反思的哲学，这两者之间存在区别，但是我个人可能觉得这两者之间还是可以产生一些联系的。但是问题就在于这种联系似乎没有那么简单，甚至说没有那么多人在做。可能在做的比如说您，有的时候会发一些公众号文章，可以把一些哲学上的专业的理论带到生活中去。再比如像我们哲学系本科生，自己在平时也在上课，然后回到生活中发现有一些问题其实是可以用那个理论来解释的。但是在更多的情况下，比如说在大众思考一些问题的时候，他们就不会想到这些理论资源，而是会发展出一些自己的莫名其妙的想法。我觉得其实他们完全可以趁这个时候接触一些哲学的理论，然后再自行思考，这样似乎能把这个问题解决得更好，而且也能反哺对这个理论的理解和完善。但是这样的“桥梁”似乎还没有很清楚，我个人觉得这种桥梁可以是一种叫作“应用哲学”的东西。

陈嘉映：我挺同意的。现在的讨论、争论，过于潦草，总体上需要学习怎样思考得更系统、更认真一点儿。但就像你说的，这跟专业哲学是怎么联系的，不那么简单。现在有不少哲学教师走出校门，尝试建设通往大众的桥梁，像咱们刘擎老师，我觉得这是件好事。

王旌伊：但是现在大部分所谓造桥的人，都可能是以一种公众人物的身份出现在媒体上，偶尔说说两句话、做几个总结，似乎就没有那么系统，或者说能看到的人就看到了，看不到的人也就溜过去了。

陈嘉映：是啊，系统思考是跟明星角色相冲突的。这里也分很多层次，媒体可能更注重造星，哲学人则应当更多注重演习系统思考。我们首都师范大学有位叫程广云的老师，曾是我们的系主任，也是我们首师大哲学系的创始人，他一直注重哲学教育，不是在哲学系里，而是一般的哲学教育，包括通过哲学戏剧这类的途径。要有人去尝试做，至于能做成什么，我不知道。

郭舒伎：在我看来，哲学理论本身是一个非常中性的东西。我们每个人去学习一个理论，然后我们对这个理论的评价或者运用，可能是非常个人化的，我更倾向于将哲学理论看作像灵感一样，就是我心里本来就有一个什么念头，而哲学只是把我这个念头以其表达呈现出来，勾连出来我对它的一种感应，我觉得哲学在这一块更有意义。

陈嘉映：这个问题让我想到挺多的。我讲课的时候常有好多人来听，比如说，他是画家，听完之后他对我说：我有这么个理解，但不知道这个理解对不对。我就觉得对于画家来说，思想史意义上理解得对不对不那么重要，这个思想帮到他了，我就觉得挺好。当然，哲学教师不能这样，你不能说“我不管海德格尔是不是这个意思，反正我想到这儿了”，上课讲海德格尔这样就不行，是吧？

王旌伊：刚好我前几天认识一个物理系的同学，他说他很喜欢哲学，也思考了很多。我一听还蛮有兴趣的，就跟他讨论一些科学哲学的东西，结果他说出了一堆我完全不能理解的话，比如“我觉得世界可以用逻辑来解释，但是这种解释方式有两面性，尤其是这种解释十分死板”。假如真的要在哲学里找到什么对应的理论，让他挖掘出更深的东西，可能也不行。但是你还是要跟他对话，而且他也确实思考了，这种情况下似乎就没有办法谈到一起去。

陈嘉映：理科生爱哲学，有两个路子是比较容易走偏的，一个就表现为把物理学套到哲学上，把哲学视作物理学的影子，这是一个比较常见的。还有一个就是，他的哲学跟物理学也没关系，跟什么都没关系，就是他想象的哲学，单纯在那儿天马行空地搭一个架子。我觉得，校正之法只有一条——真没什么别的办法，包括天才在内——就是去读一些好的哲学，而且要虚心地读，而不是说读一个哲学然后就拿他的词来编自己的体系什么的，而是真的去读懂它，甚至可以考自己，看到底读懂没读懂。要说捷径，这可能是最捷径的捷径。像米开朗基罗、达·芬奇，小时候进了金匠作坊或画匠作坊，天天看着大师画画，先帮人家扫地，学着调颜料，后来帮着打草稿的一部分，他自己一看就觉得：哎哟，差别真大。总之是要跟大师出道。当然，如果你身边没有这样的大师，那就靠读大师吧。

王旌伊：对，所以我也和他说要读一些哲学书再去思考，但他表示自己反正不是哲学专业的，没有必要看专业的哲学书，这种情况又能怎么办呢？

吴宇昕：他也不是靠这个吃饭，他自己满意就好，只要不到处向别人“推销”自己的想法。

王旌伊：可是他已经很有那种“推销”的倾向了，让人觉得很危险。

陈嘉映：他“推销”他的，你只要别去“买”就行了。

赵宇慧：那民间哲学家是不是就属于在编造自己的体系？

陈嘉映：是的，但是“民哲”与专业哲学人不像其他的领域里那么界限分明。比如说有一个人叫王东岳吧，我记得二十多年前他把《物演通论》初稿给我看过，我印象中那时候他属于那种比较靠近专业哲学的“民哲”。现在怎样我不知——后来没再读过。专业哲学人也有比较靠近“民哲”的体系。界限不是那么清楚，至少不像物理学，是吧？

胡可欣：我也有同感。此外我提一句，我和一些诗人朋友的共识是，中文系很难教出优秀的诗人和作家，同样，哲学系也很难教出哲学家。这样原创性的工作其实是很难被系统培养、训练出来的。老师，我想问问，您有什么建议帮助我们在这样的系统训练之下保持对哲学的积极性？

陈嘉映：我觉得你的问题挺好的。我个人也不觉得哲学系真能培养出哲学家，或者中文系能培养出大作家。不过，现在就人人都得上大学，是吧？换句话说，你爱好哲学，有这方面的潜质，也有这方面的雄心，你可能就上了哲学系。你在哲学上有建树，你不一定是哲学系培养出来的，但是说起来仍然是哲学系出身。

赵宇慧：现在有一些高中生，他们对哲学其实还挺感兴趣的，像是之前有一篇浙江高考的满分作文，那里面好像也有提到您书中的一些内容。不知道对于这件事情您怎么看待？

陈嘉映：对，我想起来了，当时我对这篇作文给了一个比较好的 comment，大致意思是说我不是特别赞成给这篇作文满分，因为就任何标准衡量来说它都不是一篇满分作文。但我觉得我也能理解老师给满分，他可能觉得现在的作文都太规矩了，愿意鼓励以这种天马行空的方式来写作的倾向。反正，任何考试制度延续了一段时间之后，桎梏的作用往往都会大于发扬，从前科举，一开始题都比较宽泛，大家发挥的余地也就比较大，但是考试制度延续下来，人人都事先备考，出题宽泛，考生到时候就把准备好的内容套上去。对付这个，只有想办法把题出得怪，是吧？不然大家考得一样就没有办法评价，不一定是要刁难考生。

吴宇昕：不过备考的时候准备一些金句挺有用的。

陈嘉映：咱们来投个票，你们觉得金句最多的哲学家是谁？

（大家纷纷说出尼采、叔本华、柏拉图、维特根斯坦等哲学家的名字。）

陈嘉映：我也比较倾向于尼采。

三、两种选择、理性算计和生活意义

吴宇昕：我高中也是那么过来的，看到这么多哲学家说的话，觉得很深刻，比如尼采的就是“每一个不曾起舞的日子都是对生命的辜负”，“那些听不见音乐的人认为跳舞的人疯了”之类的。（众人笑）——另外，我还有个问题，是基于我个人的一些感受，不知道对不对。我感觉像过去尤其是 20 世纪七八十年代那些大学生，他们可能不仅仅是有学习上的抱负，可能对国家、对社会都有一些自己的想法，而且有那种行动的激情。但现在这种激情就没有那么强烈，大多数人可能比较关注自己的利益。有一种说法叫“精致的利己主义者”，但我不想把这当作一种道德批判，因为我觉得我也很难逃脱这种指控。但是事实似乎确实是，相对来讲，现在社会中的人们似乎更关注个人，而不是更关注整体，当面临选择的时候，他可能更倾向于满足个人。老师您是过来人，我想问问您对这个现象的看法。

陈嘉映：你讲的我很同意，不是一般的同意，我觉得讲在了点子上：我觉得在这种事情上，批评个人意思不大，因为这是两个时代的差别，而不是两个个人之间的差别。昨天我跟几个人聊天，合起来大概这么一个意思：20 世纪 80 年代的时候，这个世界还没有标价，至少标价不清楚，比如，学哲学值多少，学计算机值多少，当处长值多少。人们会更多出于自己的爱好去选择做什么，而不是看牌价。

吴宇昕：用马哲的话来说，就是量化的标准还没有渗透到社会生活各个领域。

陈嘉映：对，你可以这么说。另一方面，那时候，个人与宏大目标的联系好像更近一点，不是隔了好多层。比如我们当时在北大读研究生，毕业的时候有的同学去给部长当秘书，给党校校长当秘书，那时候国家需要新人才，毕业生也没那么多，北大研究生一年也就毕业那么几百人，比较容易找到一个位置去实现自己的抱负。

你说到“选择”，听起来这个词的意思很清楚，但实际上把我们刚才讲的内容连进来的话，就会发现这个词是有点歧义的。选择的一端，体现在什么都标价好了的情况下，比如从事金融的工资是多少，做教师的工资是多少，这时候一个人的选择就有点接近于计算。选择的另外一端，我举个例子，比如一个人在山里头迷路了，有两个方向可以下山，可他完全不知道前面会有什么，这时候做选择就与冒险更接近。所以，选择是一个挺宽的概念，一端连到了计算，一端就连到了冒险之类的，都称为“选择”就掩盖了这里面的重要区别。总得来说，在 80 年代我们年轻的时候，更接近于在山上瞎闯的那种选择。那时候我们的自由感是那种自由感，你们的自由似乎是另一种自由，道路摆在你们面前供你们选择，但每条道路都标好了分值。这是两种自由，你就会觉得它们的质地和味道不一样。这么说吧，那时候，有方向没道路，现在，有道路没方向。

郭舒佼：现在我们和辅导员或者导师去讨论这个问题，一般的问题都是：你是考研还是就业，是进大厂还是进初创公司？我好像觉得其实一个人的发展，也可以选择家里蹲，也可以选择做自由职业者，等等。而这种固定化提问或者说引导，是不是更像是把一个人的路越走越窄了？

陈嘉映：对，我特别同意。我们这么说的时候，可能夸大了 20 世纪 80 年代和现在区别，但夸大是为了把区别说得更清楚，不是在认真刻画历史真相。80 年代时报纸上登过一篇文章，特别有名，文章的题目就叫《人生的路啊，怎么越走越窄》，后来引起很多讨论。这个问题有普遍性，但那时候提出这个问题，背后有更强烈的冲动。

陈禹锟：我自己有个观察，这个时代要求我们更早地做好选择，比如说如果以后想要做学术的话，就得在本科时早早地准备好去出国拿博士学位，这样之后取得好教职的几率就更高，社会上对你的评价也会更高。如果不早做准备的话，其实一定程度上就被同龄人抛弃了。

吴宇昕：这是因为一开始就已经把计算逻辑给带进去了。

陈禹锟：对，这变成了一个底层的逻辑。

陈嘉映：对，这个比较讨厌。就说这个“比”，咱们俩考试，结果你 89 分，我 88 分，我不想跟你比，但分数标好了，无论比不比，都隐含着“比”。咱们俩一起去黄山溜达，你我都挺高兴的，就挺好，没谁说你高兴到 89 分，我高兴到 88 分。有人说，现在，人从小都无时不在竞争之中，这不是说，现在的人竞争心格外重，我们那时候竞争心没那么强。所以我特别认同吴宇昕说的，可能比他自己还认同，就是说，我们要多从社会而不是个人来看待这个区别，个人自己的事自己去反省，但是当身边各种事物全部被明码标价之后，无论你喜欢竞争不喜欢竞争，你都已经处在一个竞争的环境中。

在某个意义上，你们的日子比我们不知道好多少，就说教育吧，从小就有这么好的教育条件，但在另外一个意义上，你从幼儿园就开始受教育，就已经上了道，但问题是，小孩不能总走在道上啊，他就得是在没道的地方，在野地里乱跑乱跳。你们从小就学到好多知识，本来知识对我们是一种解放，但学习目标明确时，学到的知识可能变成了一种束缚。生活的道路不能像现在的公路系统那样，什么都标得清清楚楚，哪里可以并线，哪里并线就违章，哪里可以掉头，哪里不允许掉头，标得那么清楚，这个人生就没法过了。要是我们的社会一路往这个方向发展的话，那就没意思了。

王旎伊：但其实这种清楚背后还有一些更重要的东西没有弄清楚。比如说很多家长让孩子从小就进入竞争的赛道，他这个时候知道怎么样可以在赛道上走得更好，但是他不一定知道这个宝宝真的想要什么，是不是真的想要进这个赛道；或者说他不知道他究竟想要给这个宝宝带来什么，他只是有这么一条现成的道路可走而已。可能还有更多更有趣的东西，但是他还不知道。

吴宇昕：对，但我们不知道怎么样才能做到不走也能过得好。

陈嘉映：对，在某种意义上，社会给不走也能过得好的人留的余地越来越少了。你当然仍然是可以做到。昨天我跟一个人聊天就说，颜回能做到是吧？但现在年轻人的生活条件好太多了，对个人的要求就有点高——别人都过好日子，你不过。

郭舒佼：您是怎么看待并且处理这种理论和现实之间张力的呢？举个很具体的例子。比如说我之前对女性主义话题挺感兴趣的，然后去和我的外公外婆讨论这个话题的时候，我说我可以选择不生孩子，外公外婆说不行，多子多福，女人不生孩子人生不完整，等等。我很爱他们，但在这些问题上我说服不了他们，也不曾试图让他们完全接受我的观点，我个人也不明白如何处理这类问题。

陈嘉映：自己跟现实有好多种关系，我们就拿你的事来说。当然，首先你的外公外婆他们抱着老观念，老观念有老社会的背景，他们的观念放在那个时候也许是有道理的。观念还有惯性，他要把这种观念传给儿女、传给孙辈，但是也许这个观念在现代已经不太合适。从前，比如说养孩子，类似投资，养儿防老，现在这个因素不重要了，至少要大打折扣，一方面，投入产出完全不成比例，甚至打水漂，这就跟老一代不一样；另一方面，现代社会，从养老院到医疗体系都比较成熟，父母并不一定要靠孩子养老。现在，生不生孩子，大概考虑的是另外一些因素，最直截了当的，你爱孩子，喜欢养孩子。让父母、外公外婆高兴也是一种考虑，你可能特别在意他们的愿望，同时又不是很不愿意要孩子。多问问过来人也挺重要，没孩子时你是一种想法，真有了孩子，你会有不同的想法。

云天遥：我也感觉我们现在社会的逻辑其实就是量的逻辑，我好像突然知道为什么柏格森要区分强度和数量，或者说深度与强度。我之前不懂，觉得强度不也是个量吗？但是我现在好像大概知道他为什么要这样做了。就像您说的，可能我们两个一起去登山，我跟你可能其实有些差别，是一些类似于量的差别。但这个量的差别不是在 quantity 意义上的，或者说是之后可以在同一个平面上进行计算的量，而不是一种另外意义上的概念，所以柏格森带来一个词叫强度，代表这其中的确有差别，但不是层面上的差别。比如，我和你一起去郊游，你的快乐和我的快乐有些差别，也许其中包含一些程度上的少和多，但这种程度上的多少并不决定根本上价值的多少，它是强度意义上的量。我觉得这个是非常重要的，因为我们今天似乎要对一切东西都做计算，这一理性就不是广义上的逻各斯，而您刚才提醒我们说在选择中不一定只有这样一种量的抉择，一种极其抽象的理智上关于量的抉择，而是还有另外一种选择的余地，它也许关乎我们存在的深度或生存的深度。

陈嘉映：这是一个挺有意思的话题，以后你们也许可以去读一读柏格森，甚至专门去研究数量和强度的问题。这两者之间的区别我们比较容易搞混，但又很重要，把它说清楚不容易。还有个迪昂，他也特别研究过数量和强度的区别，我觉得他在有些地方比柏格森说得还清楚。与此相连的还有几何和代数的区别。笼统说来都属于数学，但其实这两种思维很不一样，几何的首要关注是形，而代数是没有形的。我们有时候是通过形来完成推理的，而不是用数来推理——数的推理直接就是计算了。这是个有意思的话题。

王旌伊：刚刚我们一直都在批评计算，但我想这样一种思维方式或方法也还是有很多正面的因素。比如像刚刚生孩子的问题，我了解到大多数以前的人从来没有考虑过为什么要生孩子，觉得生了就生了，而现在人会更多去想事情的后果，不会那么随便。如果在以前那种情况下，很多人可能生完孩子也不知道该怎么去管教，于是就造成很多问题，而现在的人们可能会更理性地去思考，如果了解自身无法做好这件事的话，很有可能就会选择不去做。还有像我们在选择人生道路的时候，也同样是这样。经过一定理性的思考和斟酌后，会尽量避免一些不太好的情况发生。所以我觉得计算还是可以带来很多好处的。所以反过来想，你觉得某些道路走窄了，可能因为所有的情况都已经罗列出来了，但是也可能走到一片开阔的天地，因为你不仅选择走了这条路，而且你还可以走得很有信心，似乎这种情况也可以是乐趣的来源。

陈嘉映：的确，计算是有好处的，也会让问题更清楚。问题在于——说句鸡汤——哪儿需要清楚，哪儿不能太清楚。这个“清楚”有时候会带来一种很奇怪的结果，比如大家常说的人生意义什么的，往往是有意义，但不那么清楚，太清楚了，反倒没意义了，只有计算了。这还跟向从前看还是向将来看连着。泛泛说来，从前的人更多向从前看。你是皇太子，你就该做皇帝，哪怕你治理国家的能力不怎么样。从前讲有根，讲三皇五帝，现在更多看将来，好日子在后头。说回生孩子的问题，也可以套用一点儿。生孩子天经地义，因为要延续祖先的血脉。你要是理性地计算生孩子划算不划算，你可能就不生了。

赵宇慧：我看到您十年之前也是在跟华东师范大学的同学做访谈的时候，讲到当时在哲学当中属于比较前沿部分的工作是心智哲学，现在还是这样吗？

陈嘉映：我并不很了解哲学发展动态，我觉得好多种哲学的努力现在仍然集中在心智哲学上。

陈禹锟：说到哲学前沿的问题，我还有个相关问题想请教您。实验哲学这十几年来在欧美越来越火，现在中国也有越来越多的学者开始参与这类研究，比如曹剑波、刘晓飞等，好像很多学校也准备成立自己的实验室。我和系里的几位同学也一起做了一个知识论中实验哲学的科创项目，但在自己真正上手操作的过程中，其实有不少困惑。就比如我们现在收集到一些认知直觉的数据，它告诉我们人们对于某些知识论问题有一些答案，我知道大家的看法是什么，比如非哲学专业的人对于“错误信念”的看法是什么。但我的问题在于，这些基于数据得出的答案能怎样帮助我们进一步进行哲学上的工作？或者是说，通过实验哲学得出的结论，在哲学工作中的位置到底在哪里？

陈嘉映：你问我这个问题，我比较苦恼。因为我个人不怎么认同实验哲学。实验哲学大概在二三十年前火起来，大概十来年前传进中国，我身边也有青年学者关注，我跟着多少关注了一点儿。你看，你问我真是很不巧，我个人觉得这个不是很成立，这个看法也许有负面影响，那几位年轻学者现在好像也对实验哲学没多大兴趣了。

王旎伊：其实我个人在做这个东西的时候，我觉得它还是更像社会科学。

吴宇昕：对，因为其中有一些调研。

陈嘉映： 对的对的，我也这么认为。

吴宇昕： 对，我觉得可以展开几次深度访谈，然后找出他们这么想的原因。

云天遥： 这名字也挺奇怪的，说是实验哲学，但其实没有实验方法，而是用问卷方法。

陈嘉映： 对，是这样的，主要是问卷，实验哲学这个名称本身就不特别合适，实验哲学做一点儿实验，比如通过实验手段来研究孩子到几岁会建立因果观念，不过这个也难说是哲学，这跟皮亚杰的心理学实验更接近。

吴宇昕： 我是觉得它更像一种交叉学科——有点哲学，有点社会学，也有点心理学。

王旎伊： 对，但也需要哲学基础，不然也没办法去做。

提到这个我又想到，您之前说要做关于自由意志和决定论的问题的研究，但是我最近发现很多心理学的研究已经把相关的问题说得很清楚了，关于哪些是人能控制的，哪些是会受到影响的，心理学有很多更加可靠详实的研究来支撑。既然这样，我们哲学又能做些什么呢？

陈嘉映： 我要做的工作就是说明，心理学的工作跟我们要讨论的自由意志这件事没多大关系。我这个观点可能非常极端。最近我发了一篇关于《大脑的一天》的书评，从中你可以看到我的结论，尽管我的论证远不够充分。再例如利贝特实验，我就觉得他完全弄错了。简单来讲，他那个实验要说明，当事人意识到他选择按下a这个按钮之前，无意识的大脑活动已经决定了会去按a。我会说明他的实验跟自由一点关系都没有——相关文章还没有发表，但大概是这么一个意思。更一般的问题是，哲学跟实证科学有什么关系？我当年写《哲学·科学·常识》这本书的时候，就是被这些问题驱动的。很多问题最后都卡在这里，我说咱们就狠狠心，系统地把这个事说一番。

一起思考

1. 你如何理解哲学和日常经验之间的关系、哲学和科学之间的关系？

2. 对于社会中普遍存在的“明码标价”现象，你怎么看？

3. 你认为人有自由意志吗？为什么？

推荐阅读

1. 陈嘉映：《哲学 科学 常识》，北京：东方出版社，2007年。

2. 陈嘉映：《感知·理知·自我认知》，北京：北京日报出版社，2022年。

伦理

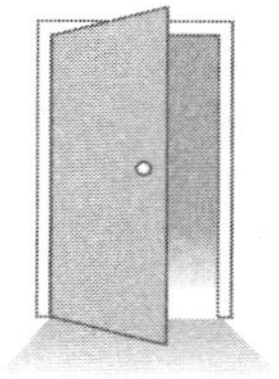

生命的意义是什么

刘时工/文

"To be, or not to be","活下去，还是不活"[①]，这是哈姆雷特终其一生都在思考而未解决的问题。哲学家大卫·贝纳塔尔认为，他找到了确定答案，那就是：生不如不生，活不如不活。他为此提供的论证是：

活着，无非是两种情况：活得好，或活得不好。

如果是后一种情况，即活得不好，那么与不活相比，因活着而受的种种苦是实实在在的损失。

如果是前一种情况，即活得好呢？贝内塔尔认为，即便是活得好，也并不胜过不活，因为如果不活，并没有人被剥夺了这种种好，因此没有损失可言。

由于活着只可能带来损失，相比于不活，活着就是净损失。

所以生不如不生，活不如不活。[②]

---

① 朱生豪将其译为"生存还是毁灭，这是一个值得考虑的问题"，卞之琳译为"活下去，还是不活：这是问题"，方平译作"活着好，还是死了好，这是个难题啊"，本文采用卞之琳的译法。

② David Benatar, *Better Never to Have Been: The Harm of Coming into Existence*, New York: Oxford University Press, 2006, pp. 18 - 59. 转引自：http://plato.stanford.edu/entries/life-meaning/。

贝纳塔尔的观点违反我们直觉，与人类主流价值观相冲突。不过贝纳塔尔对自己的论证和结论应该是认真的，他写了很多书和文章，发展、完善并宣扬自己的观点。对我们来说，幸运的是，他的论证过程有问题，因此结论也不成立，否则我们固然不会因为他的论证和结论而放弃生命——他自己也并不这么主张，但是总难免觉得活得不那么理直气壮，违反了理性而活。

贝纳塔尔对生之意义的否定，是一种哲学构造，如果他不引导我们，我们很少会这么想，因此也就很少会从这个角度去怀疑、否定生命的意义。但我们也并不因此就一直活得很踏实、很充实——我们还是时不时地会怀疑生命的意义，想知道我们每天这么辛苦，“必汗流满面才得糊口”，所作所为，究竟是为什么？

这是一种自然而然生起来的疑问。我们做这一件事，为的是下一件事，也就是说，我们是为了另一件事，而选择做这件事。比如我们耕种，为的是收获，而收获，为的是饮食。我们从小就被教育，今天刻苦学习、辛勤劳动，为的是明天有好成绩，明天继续刻苦、继续辛勤，为的是后天……以此类推，总是用下一步来证明这一步，用未来来证明现在。但是总有一天，或早或迟，有人是在童年的某一天，有人在少年时的某一刻，我们突然意识到，人总是要死的，每个人都是。个体的生命并不是无限的序列，没有一个永远的未来帮助我们定义当下，如果生命到头来是死亡，是虚无，我们此生全部的努力，所有的抱负，一切筹划、奔波、操劳，意义何在？

当我们这么追问的时候，问的其实就是生命意义的问题。

当我们把有限的个体生命当作一个对象来思考的时候，生命意义的问题就出现了。

这是很早就出现在人类意识中的问题，是随人的理性能力以及人的必死的命运而来的问题。由于理性是人的基本规定性，而死亡是各种文明、各种生活状态中的人们普遍意识到的基本事实①，因此生命意义的问题是极具普遍性的问题。它出现在自我意识觉醒的个体思想中，出现在各类宗教和文学作品中，当然也出现在哲学思考中。实际上，哲学中相当一部分内容，都或直接或间接地以如何获得生命意义为其思考主题。这问题关涉着我们对生活的理解，我们的价值观念的基础，我们为自己选定的生活方向和行为原则，等等。在某种程度上甚至可以说，我们所理解的生命意义是什么，我们就是什么，因为我们正是按照我们所理解的生命意义去活的。为弄清这一问题，我们首先来思考其中的核心概念——“意义”。

一、意义是什么

当我们追问生命意义的时候，想要知道的究竟是什么呢？这取决于我们对“意义”一词的理解，即需要确定“意义”的意义。这工作不复杂，可以通过考察我们平时如何使用“意义”这个词来进行，还可以通过考察什么是对这一问题的恰当回答来验证。考察发现，所谓意义不过是指价值、功用。而所谓价值或是指用处、作用，或者只是表示一般性的肯定。② 如果是

① 对是否有来世以及如果有则其形态为何等问题，可以有多种解释，但所有解释都以承认现世生命有终结为前提。

② 罗伯特·诺齐克：《经过省察的人生：哲学沉思录》，严忠志等译，北京：商务印书馆，2007年，第146页。

前者，则“价值”和“功用”的意义相同，对生命意义的追问就变成了对生命的功用的探究，这时问题可细分为生命对于谁的意义：是对生命拥有者本人的意义，即对“自我”的意义，还是对拥有者之外的他人或他事的意义。德沃金把生命对自我的价值称为生命的主观价值，依照惯常的说法，我们可以把生命对他人或他事的价值称为生命的外在价值。如果只把价值理解为一般性的肯定，那么“意义”就没有前面这样的指向性，这时所谓生命的意义就不是它对于什么的意义，而是其自身的意义，是因自身具有的某种性质而被肯定、被接受，这就是被称为内在价值的那种东西。

这样，当追问生命意义的时候，我们可能是在问生命的作用是什么，它达成了什么，通向什么，也可能是在问生命自身是否应该被肯定，因什么而被肯定。比如，如果认为“生命的意义在于奉献/荣耀神/传播基因”，诸如此类，那么这很可能是在陈述生命的外在价值。而如果做类似如下的表述，“生命的意义在于幸福/快乐”，这多半是在谈论生命的主观价值。如果坚持“生命的意义就是生命活动自身/生命的和谐圆满”，这应该是在谈生命的内在价值。当然，这只是泛泛而论，只有在具体语境之中才能确定所谈论的究竟是哪种价值。

对意义的区分（三种价值）可以帮我们澄清许多问题。从三种价值的界定可知，它们三者首先是相对独立的关系，否定其中的一种并不意味着同时否定另外两种，肯定其中的一种也如此；当然，世上多是同时兼有其中两种或三种价值的生命。

对生命意义的各种说法中，可归为对生命的外在价值讨论的部分最简单明确，因为这类讨论其实就是对生命和其指向的对象的因果关系的考察，如果它们之间存在原因/结果或手段/

目的的关系，就可以肯定生命对于其指向的对象有意义，即具有外在价值。[①]

二、死亡、永生与生命的意义

如本文开篇所述，死亡与生命意义问题紧紧联系在一起。我们从小就学着规划自己的生活，通过与未来某个目标相关联，使生活的每一天、每一时刻都有“意义”，以此获得一种确定感和充实感。忽然有一天，我们意识到原来个体生命是有终结的。到了终结之日，生命本身戛然而止，而如果生命不在，我们就无法从之前的努力中获得报偿，生命的意义便随着生命的消亡而丧失，于是一种巨大的荒诞感油然而生。[②]

死亡所带来的虚无感和荒诞感历来被看作对人生意义的最大威胁。死亡实在太可怕了，可怕到人一想到死亡，觉得“不如未曾出生过”（索福克勒斯）。如果死亡之可怕只是因为它是生命的终结，而不是与死亡过程相伴的肉体痛苦，怕死怕到希望从来没有活过，这就等于因为事物有终结而放弃事物本身，而否定事物的价值，这显然有悖常理；[③] 而且，如果为了免除对死亡的恐惧而成功地从来没有活过，又因为从没有活过而成功地免除了对死亡的恐惧（因为没有了生命就没有了死亡，就

① 像“生命的意义在于奉献”这类说法，如果从外在价值的角度来理解，算得上同语反复了，是“正确的废话”，某人的生命对于社会/他人的价值取决于他为他们创造了多少价值。所以如果想让这句话真正有意义，需要从主观价值或内在价值的角度去理解才行。

② Thomas Nagel, *Mortal Questions*, London: Cambridge University Press, 1979, p. 11.

③ 唐逸先生说：“这类悲观论调有一个无法克服的逻辑难题：既然生命的毁灭如此可怖，可见生命本身本有价值，值得活，否则又何必如此惧怕失去它?”唐逸：《荣木谭：思想随笔与文化解读》，北京：商务印书馆，2000 年，第 74 页。

既没有了感受的主体，也没有了可感受的对象），那么现在正思考死亡的这一个就不可能是宁愿从未活过的那一个，所以所有活过的人都不应该恐惧死亡到宁愿从来没有活过。伊壁鸠鲁用哲学思辨安慰我们：死亡并不可怕，因为当活着的时候，我们无从经验死亡，而如果死了，我们也就经验不到死亡了。面对如此精巧的论证，我们的恐惧会消除或有所减轻吗？当然没有。①

不可否认，对绝大多数人，在大部分时候，死亡都值得恐惧，这应该也是进化植根在人类头脑中的本能，否则人类求生的愿望以及愿意为生存付出的努力就会大打折扣。不那么怕死的人或许曾有过，但他们显然更容易灭绝。因此之故，对未灭绝的人们的后代来说，否认死亡的可怕是徒劳的，宗教也正是因为许给我们永生而具有持久的吸引力。但是，生命的终结真的会破坏生命的意义吗？随死亡而去的是哪种意义呢？永生会使生命的意义有所不同吗？

我们来逐一看生命的三种价值与生命的终结的关系。外在价值——死亡意味着生命活动的停止，死者不能创造新的价值，但他以前所创造的价值会因创造者的逝去而消失吗？我们还在读亚里士多德的书，他的哲学还在启发着我们。上一代工匠留下的建筑我们还在用，即使这些建筑不复存在，他们的影响依然在，会与各种因素合在一起，对未来的人们继续发挥影响；只是我们越来越不容易辨认出哪些影响来自他们，但无可

① 伊壁鸠鲁的论证漏洞明显，如果我们因为死亡过程的痛苦而惧怕死亡，那么我们在活着的时候当然可以切身地经验死亡的痛苦；如果我们是因为死亡的结局而惧怕死亡，那么我们在思想里会预现死亡。总之，像伊壁鸠鲁建议的这样在意识中避开死亡注定不会成功，除非一个人坚定地相信他会一直活下去，但理智的人很难确立这样的信念。

否认，他们的影响汇入了社会和历史之中，会被一直传递下去。当然，文明会消失，人类会灭绝，甚至宇宙也会热寂，但生命的外在价值总是它对于某事物的价值，人类的遥远未来和世界的终极命运虽然不免令我们沮丧，但实际上很少有人以它们来确定生命意义，它们难以成为我们念兹在兹、持久关注的对象，虚无感和荒诞感也很少是因它们而起。我们设定的价值目标，多数都与这些终极结局无关，不受它们的影响。比如，演员的外在价值是娱乐观众，只要观众从其表演中得到快乐，演员的价值就得以实现。观众的快乐是客观存在的事实，世界灭亡会使这一事实不成其为事实吗？会使快乐不再是快乐吗？世界灭亡生命不再，但我们不会因此否认生命确实存在过，那我们为什么要因此否认生命的价值确实存在过呢？更关键的，如果以世界、宇宙为生命意义的尺度，那我们也很难看出个体的生与死对它们而言有多大的差别，如果死意味着意义的丧失，那么生也同样；合理的推论就是无论生死都无意义可言，人们既然不认为生无意义，那么就不能认为死使生命丧失了意义。

主观价值和外在价值的不同只在于前者是生命对于自我的价值，后者是对于他人他事的价值。当一个人活着的时候，他如何看待和如何使用他的生命，两者一起共同决定了生命对于他的价值。一个厌弃生命、视生命为负担的人，生命对他有何价值呢？一个热爱生命、把生命当作稀有礼物的人，生命对他就重要得多。对生命持同等淡漠或温和肯定或否定态度的两个人，一个闲散度日无所事事，一个充分利用生命将以有为，后者生命的主观价值要大得多。这是因为，一般来说，某事物对于我们的价值，取决于它满足我们的欲望/需要的程度。生命对拥有者是否有价值，人是否值得活，最终决定于拥有者本人如何看待生命。在这里，虽然后者对他的生命本身态度淡漠，但它可以帮助他实现将以有为的需要，主观价值因此而增加。[①]

自我是主观价值的创造者和确定者，当自我不在了，生命对自我的价值似乎也就无从谈起。苏格拉底不在了，他的生命没有了，他的自我也没有了，我们没法谈论无物对于无人的价值。但是，苏格拉底不在了，他的生命对他没有价值了吗？这听起来相当怪异，不能被我们接受。他的生命对他当然是有价值的，但这个表示判断的"是"一定是过去时态：仅当苏格拉底在世时才能"是"。这就是死亡对苏格拉底的生命的主观价值带来的影响。

《苏格拉底之死》法国 雅克·大卫

① 但在对生命强烈厌弃/热爱的人们身上，这样的差别可能并不存在。比如，极度厌世的人，作为越大，痛苦越多，生命对于他的主观价值就越低，甚至成负数。那些热烈地爱着生命，完全满足于日常生活里的种种的人，更高远的追求、对生命的更充分的运用或许并不能使他们的生命的主观价值增加，因为他们已经达到了亚里士多德说的完满自足的状态，不需要也不能添加任何东西了。

三种价值中，内在价值最容易让人迷惑。价值总应该是对于什么的价值，而内在价值并不相对于什么，它指的是事物自身所具有的价值，生命的内在价值自然就是生命自身具有的价值。生命自身的价值是什么，在哪里，如何确定，以什么来衡量?

诺齐克认为，内在价值就是复杂系统的各部分各因素的"多样化中的统一性"，越复杂的系统内在统一性就越高，内在价值自然也就越高，生命高于无生命，高等生命高于低等生命。[①] 德沃金认为，内在价值其实源于自然或人的投入，比如被普遍认为具有内在价值的物种和艺术品，前者来自自然的长期演化，即自然的投入，后者来自艺术家的劳动，即艺术家在智力和体力上的投入。[②] 德沃金的解释我们听来似曾相识，简直就是马克思价值理论中社会必要劳动时间决定商品价值说的翻版或推广。诺齐克、德沃金两人的解释使本有些玄虚莫测的内在价值一下子明晰了起来。表面看来，两个人的解释的切入角度不同，寻找到的衡量标准也不同，但稍加分析就会发现，两人的思想有一致之处，自然或人为的投入和"多样化中的统一性"高度正相关，可以说，诺齐克找到了内在价值的表征，而德沃金则提供了内在价值之源。

但是无论是诺齐克还是德沃金，他们对内在价值的解释都有难以克服的困难。首先，我们不得不承认，世界上所有存在物都是自然长期演化的产物，其中都包含自然的投入，体现着多样化的统一，但我们极少会关注那些和人类不相关的东西，也不大会认为它们蕴含着什么内在价值。其次，在

① 罗伯特·诺齐克：《经过省察的人生：哲学沉思录》，第148页。

② R. Dworkin, *Life's Dominion*, New York: Knopf, 1993, "What is sacred?".

和人类直接相关的事物中，我们几乎都不会认为苍蝇、蚊子、艾滋病毒等危害人类利益的东西之中有内在价值存在，除非有一天它们能为人类所用，造福于人。从这种态度及态度的转变可以明显看出，我们不可能离开人类的需要或福利谈论内在价值，内在价值没有一开始被赋予的那种超然，有内在价值之事物之所以被认定为有价值，同样是相对于人类的需要而言的。

然而人们的需要各有不同，对价值的认定也不尽一致。以艺术品比如绘画为例，绘画尤其出于名家之手的绘画被公认为有内在价值，但是我们知道，在不懂绘画的人的眼里，毕加索的画作可能和儿童的涂鸦等值，齐白石的画可能还不如一张白纸，因为白纸的用途更多。以众人各自的需要或意见来确定事物的价值，会出现十分荒谬的后果。因此就需要设定一个具有类似“上帝之眼”的客观的全能观察者的角色，避开个人或一群人的种种局限，给对象一个客观公允、经得起时间考验的估价，这就是内在价值。由此我们知道，内在价值之所以被认为是内在的，不过是因为其作为价值不是相对于某个或某些人，而是相对于没有时空之分，也没有种族、阶级、性别、文化之别的这个抽象的全能的人。所谓“内在”与其说是强调价值的固有性（不相对于他物，本身即有），不如说是强调价值的独立性和稳定性。

如果上面的分析无误，那么人的生命的内在价值指的就是生命对于人类的价值，表达的是人类对自己生命的肯定和珍视。我们看到，主观价值、外在价值都有价值的提供方和受益方，与此不同，内在价值并不存在一个生命价值的具体受益方，因为内在价值是相对于一个抽象的全能观察者而言的，这个观察者不是生活的参与者，更不是利益相关者，他和具有内在价值的任何人都不处在一种真实的关系里。因此，生命的终结，只是生命拥有者自身和与其有关系的人的损失，除此之外，我们不能有意义地谈论价值或意义的丧失。

强烈的情感会影响我们的判断，放大我们的得失。对死亡的恐惧是情感中最强烈的那一种，在其阴影笼罩下，我们的整个人生仿佛都失去了光彩。但这无疑过分夸大了死亡的力量，通过分析我们看到，死亡并没有夺去生命的全部意义或价值，它只是使人们不能继续创造新的价值，使人们无法从某些前期投入（那些他为了自己的未曾等到的未来而付出的努力）中获得回报，如此而已。死后的虚无诚然可怖，但当下的快乐和痛苦却也是真实存在，可感可知的，正如罗素所说，“我深信，在我死后，我将朽坏，自我将无所存留……然而幸福并不因其必有终结便不是幸福，思和爱也绝不因其不长久便失去价值”[①]。同样豁达而睿智的休谟显然持有同一种信念，在论及令我们自己愉快的品质时，他特别提到法国作家圣埃弗雷蒙的话，“我爱不惧其终结的人生”，以表达自己对死亡与生命价值的

罗素

① B. Russell, *What I Believe*, Routledge, 2004, p. 7. 译文转引自唐逸《荣木谭：思想随笔与文化解读》，第19页。

态度。[①]

三、什么样的生活才是值得过的?

我们的规划和努力，一定程度上决定了我们的生命的外在价值和主观价值。世事复杂多变，而我们的智慧、能力相形之下极其有限，不期然而然和期然而不然，都是我们不得不面对的生活常态。尽管如此，想要成为什么样的人、发挥何种作用，还是最直接地影响着我们会成为什么样的人（主观价值）、能发挥何种作用（外在价值）。

外在价值是我们之为工具或手段的价值。虽然利益和成就的是他人他事，但外在价值并不因此与我无关，因为我对他人的价值确定了我对他人的重要性的同时，也确定了我在社会中的地位[②]，与我得到的回报和我的自我评价直接相关。我们要使自己成为重要的人，不就是通过提升自己的外在价值来实现的吗？当外在价值成为我们主动追求的价值时，外在价值、主观价值之分就不那么明显了。以做父母为例，所谓好的父母是相对子女的成长需要而言的，是为父母者的外在价值，但成为好父母是普天之下的父母的心愿，是他们为自己设定的人生目标，于是做好父母也就成了他们的主观价值。

对外在价值的主动追求，是我们人生规划的一部分，而所

① 休谟：《道德原则研究》，北京：商务印书馆，2001 年，第 103 页。

② “社会上所有的人都有一种获得对自己的稳定的、较高的评价的需要，即对于自尊、自重和来自他人的尊重的需要。”“自尊需要的满足导致一种自信的感情，使人觉得自己在这个世界上有价值、有力量、有位置、有用处和必不可少。”亚伯拉罕·马斯洛：《动机与人格》，许金声等译，北京：中国人民大学出版社，2012 年，第 28、29 页。

有的人生规划，都是在确定我们如何使用自己的生命，是在确定生命对于我们自己的意义。思考生命意义的人，只要还可以有选择，总会尽其所能，比较、筹划，选出他认为最佳的生活安排为实际生活的向导；很少有人会真的相信所有的人生之路都是等值的，因此怎么都行，不必选择或可任意选择。虽然未经思考的人生未必就是不值得过的人生，但人类的生活经验告诉我们，基于思考的选择比随机选择获得成功的概率更大。这样我们就回到了哲学里那个古老的问题，“一个人应该如何生活”，应该以什么为目标，如何度过一生。这里所谓的“应该”，不是道德要求意义上的，而是更广义的“应该”，如B. 威廉姆斯所说的，道德生活只是这问题的一个选项。①

生活中每个人追求的目标千差万别，没有安全的追求安全，不受人待见的追求尊重，等等。追求什么，以什么为目标，如何使用自己的生命，如何理解生命对于自我的价值，完全是自己的设定，取决于自我的决定。但现实中，人们的具体追求受其处境制约，是对处境的回应，而非其要求于生活的全部。亚里士多德论证说，在理想状态下，即在不受处境约束的情况下，我们要求于生活的全部就是最高的善，可名之“幸福”，幸福不以其他目标为目标，相反是其他目标的目标，是人生的终极目标，一旦获得，就无需其他善的补充，因为幸福是人生的圆满自足。幸福是每个人都应该追求而且假以条件也都会追求的目标，之所以说是应该追求的目标，是因为幸福是最大的善（非道德意义上的善），指向人生的圆满。既然幸福是人生所能获得的最大的善，那么生命对于我们的最大的意义

① B. Williams, *Ethics and the Limits of Philosophy*, Cambridge: Harvard University Press, 1985, p. 1.

（主观价值）就是获得幸福。在生命的各种实现活动中，亚里士多德本人对沉思情有独钟，认为沉思的生活满足了幸福的种种要求，不过按照他关于幸福的基本理论，其他许多种生活，比如城邦的公民生活，同样可以满足幸福的要求，称得上幸福生活。[①]

《雅典学院》意大利 拉斐尔·桑西

幸福是一个人能从自己的生命获得的最大的善，是生命是否值得过的判别标准。这容易推出，我们行为的终极目标只能是全体人类或其中一部分人的幸福。当我们对他人的关注超过对自己的关注时，我们诚然可以放弃追求自己的利益以成就他人，但我们牺牲自己为的是什么呢？为的是我们关注之人的德性吗？即为的是他也放弃自己的幸福去成就别人的德性吗？这样一来德性就成了我们所有行为的目的，但德性为的是什么呢？为了德性而德性是不可思议的。所以我们

① 参见刘时工：《伦理学中的幸福问题》，《华东师范大学学报》，2010 年第 5 期。

只能是为了别人的幸福而牺牲自己的利益，幸福（尽管是别人的）才是行为的终极目标。[①] 当我们放弃自我利益去成就他人的幸福时，我们实际上是以道德追求取代了幸福追求，将人生用于道德完善，在这里，道德的要求就成了首先需要完成的要求。但不能从这里推出道德生活高于幸福，道德的善高于幸福，因为牺牲自己以成就他人是不得已的选择，这样的生活包含的善当然低于既有道德完善又其他诸善俱足。对亚里士多德来说，自我牺牲、道德完善的事有时本身就是自我实现，是幸福，比如为城邦战死；有时是幸福生活中的一个要素，比如为了荣誉，荣誉是幸福的一个部分。对此，康德一定会说，这是把生命当成获得幸福的手段，违反了"人是目的，而不仅仅是手段"的道德律令。但这显然是康德的混乱或诡辩，因为幸福并不是生命之外的某种东西，而不过是生命自身的一种状态或处境。

幸福之为人生最大的善，不会因人是否永生、是否有来世而改变。如果有永生或来世，我们对此生的安排或有不同，因为如有永生或来世则此世不过为全部生命的一个阶段，我们若以此世作为谋得未来更大福祉的手段，一点也不违反理性。但尽管此世的安排不同，我们对生命的理解和追求却没有什么改变，设想我们获得了永恒的生命，

---

① 罗素就曾质疑德性自足、善与幸福无关的说法："康德可以说除了善的意志以外就没有什么善的东西了；但是惟有当意志是朝向某些目的的时候，它才是善的，而这些目的本身却又是无所谓的。A先生是幸福的与否，无关紧要，但是如果我是有德的话，我就要采取一种我相信可以使他幸福的行为。我不能使A有德，因为德行取决于他自己，但是我可以做某些事有助于使他幸福，因此，斯多亚的伦理学可以表述如下：有些事情被世俗认为是好东西，但这是一个错误，真正是善的乃是一种要为别人去取得这些虚伪的好东西的意志。"罗素：《西方哲学史》，何兆武等译，北京：商务印书馆，1963年，上卷28章第31页。

设想我们生活于天堂，然后如何呢？当然仍然是要过幸福的生活。由此亦可见，生命没有因为有终结而失去其对于我们的价值，因为即使获得永生，我们的追求和对有价值的生活的理解也没有什么不同，在这一点上，永生没有为我们增加什么。

永生和来世多出自宗教的承诺。一种观点认为，只有信仰宗教，生命才能获得意义。信仰宗教会使我们的生活有所不同，而且宗教也的确为我们提供了生命意义的解释系统，通过使生命以及生命里的每一天、每一事与永恒者、神圣者相联，赋予生命以意义（外在价值）。在信仰者的信念里，个人所获得的意义有来自神圣永恒者的保证，因此也可以是永恒的。对于一个虔信者，宗教不仅满足了个人对永生的渴望，而且使个人的所有努力不致因生命终结而有所浪费，从而避免了人生的荒诞感，也不会因为从生命终结的角度看世界和众生而滑向价值虚无主义。我们知道，19 世纪以来西方的虚无主义思潮，与基督教信仰的衰落直接相关。按照帕斯卡尔的信仰打赌说，如果有上帝，你就获得了永恒的生命；如果没有上帝，你也没有任何损失。所以，选择信而非不信似乎有利无弊，非常合乎理性。尽管如此，不信的人却很难被这些理由说服，这是因为，如果信仰为真，上帝存在，你固然有所得；如果信仰为假，上帝不存在，你却并非无所失：你依据前提为假的信仰安排自己的一生，为虚假的信念付出许多努力，你的主观价值和外在价值不能不受此影响。更重要的是，那些未被说服的人直觉地相信，即使有宗教信仰，也未必有永生；即使没有永生和来世，生命也同样可以有意义。

四、幸福的生活是可能的吗?

我们常把无怨、无愧、无悔作为判断过去生活的意义的标准。无怨是说对生活处境的顺从，接受境遇、人的不完善和有限；无愧是说忠实于自己的道德良知，没有亏负；无悔是说价值立场、行为选择正确。三者俱备，也只能说明在过去的既定情势下，在有限的选择中，行为者尽其所能作出了最佳选择。这只是从道德上对过去生活的定性，不能认为这样的生活就是幸福的、值得过的生活。就像许多被迫然而正确的选择一样，如果可能，我们绝对不愿意置身其中、面对这样的选择，尽管面对它时我们的确作出了正确之选。道理很简单，作这类选择时，我们是在几种不得已的有害选择之中选出害处最小的那个而已，而不是在有益的选择中选中益处最大的那一个。真正值得过的生活，是如果可以重新选择，我们愿意它再来一次的生活，只有这样的生活，才不仅是道德正确、无所亏欠，而且带给我们快乐或幸福的生活。但是这样的生活真的存在吗？幸福的生活是可能的吗？生命真的值得珍惜吗？

这种怀疑与是否尊重生命权利无关。生命属于其拥有者，其他任何人都没有权利去使用和决定其去留。这里我们只是对人类生存处境考察，不是对某个个体或某些个体的生命权利评判。这工作的进行，也不能通过对现实中的人的分析寻找答案，因为当我们身在现实，生存的本能和惯性，对他人的爱、同情和责任，都会妨碍我们作出客观判断，所以我们必须抽身离开，去判断那些尚未出现在伦理关系中的人，那些还未出生的人。只有这种时候，我们才摆脱了局内人的身份，获得一种相对的客观性。

现在我们回到开头，来看贝纳塔尔的论证哪里出了问题。贝纳塔尔的论证里面有基本概念前后不一致的问题，伊丽莎白·哈曼（Elizabeth Harman）对此作过十分细致的梳理[①]，指出了其论证的缺陷。在我看来，贝纳塔尔的论证中不仅存在基本概念“好”（good）和“不好”（bad）的用法混乱，而且还有对进行比较的对象的偷换[②]。简言之，如果贝纳塔尔承认活着的种种苦是实实在在的损失，那么他就必须承认活着的种种好也一定是实实在在的收益；或者如果他认为活着的种种好不是真实的收益，那么他就必须承认活着的种种苦也不是真实的损失，否则肯定是偷换了比较的对象。

除逻辑证明以外，贝纳塔尔还诉诸人类的生活经验和生命过程，力图证明活着的痛苦大于满足，因此不值得活，其观点和佛教所受皆苦、亚里士多德哲学中身体的快乐以痛苦为前提的说法异曲同工。经验的论述需要以经验来评判。生命中存在各种痛苦，世界上充满了苦难，它们降低了生活品质，使幸福遥不可及。[③] 但是显然不是所有的生活都如此悲惨。如今世界上毕竟不乏那种基本善齐备，并能追求自我实现的生活，按亚里士多德的标准，这就是幸福的生活。所以，幸福是否可得，生活是否值得活，像贝纳塔尔这样一概而论当然失之鲁莽，应

---

① Elizabeth Harman, “Critical Study: David Benatar. *Better Never To Have Been: The Harm of Coming into Existence*”, *NOUS*, 43: 4 (2009) 776 - 785。

② 贝纳塔尔承认，活着，如果受苦，是实实在在的损失。是谁损失？和什么相比的损失？活着，如果幸福，那么，我们也一定要用同样的比较对象和比较标准，贝纳塔尔做到了吗？或者，如果活着的诸般好不是收益，因为没有人被剥夺，那么用同样的比较对象和比较标准，获得的诸般苦也不应该是损失。

③ 对身处不幸的人，我们会满怀同情，援之以手，而不会袖手旁观，幸灾乐祸，更不会因其生活欢寡愁殷而得出其本不该活的结论。

该分别作出判断。人类的生活经验告诉我们，不是所有的生活都值得过，所以我们才谨慎地选择我们的生活方式，努力改善我们的生存处境，所以伦理学里才有对堕胎和安乐死的争论；但生活经验同样也告诉我们，生命过程中不乏快乐和满足，如果有足够的运气和努力，圆满的人生也并非不可得。

1990 年 2 月初，1977 年发射的旅行者一号已经飞离地球 59 亿千米，正以 64 000 千米/小时的速度飞离太阳系，这时它接到来自地球的一个紧急指令：掉转相机，最后一瞥地球家园。由于距离太远，地球在拍出来的照片上只是一个暗淡蓝点（*pale blue dot*），看起来“似乎没有任何令人感兴趣的特点”。但正是这个暗淡蓝点，让著名天文学家、杰出科普作家卡尔·萨根激动不已：

“对于我们，情况就不同了。再看看那个光点，它就在这里。这是家园，这是我们。你所爱的每一个人，你认识的每一个人，你听说的每一个人，曾经有过的每一个人，都在它上面度过他们的一生。我们的欢乐与痛苦聚集在一起，数以千计的自以为是的宗教、意识形态和经济学说，每一个猎人与粮秣征收员，每一个英雄与懦夫，每一个文明的缔造者与毁灭者，每一个国王与农夫，每一对年轻情侣，每一个母亲和父亲，满怀希望的孩子、发明家和探险家，每一个德高望重的教师，每一个腐败的政客，每一个‘超级明星’，每一个‘最高领袖’，人类历史上的每一个圣人与罪犯，都在这里——一个悬浮于阳光中的尘埃小点上生活。

地球是目前已知存在生命的唯一世界……不管你是否喜欢，就目前来说，地球还是我们生存的地方。

对我来说，它强调说明，我们有责任更友好地相互交往，并且要保护和珍惜这个淡蓝色的光点——这是我们迄今所知的唯一家园。”①

我们的生命，也正像地球家园这颗暗蓝光点，它转瞬即逝，在别人的眼里，或许暗淡而平凡，“没有任何令人感兴趣的特点”，但是对于我们自己，情况就不同了……

一起思考

1. 何种生活，在你看来是不值得过的生活，为什么？

2. 何种生活，被普遍认为是不值得过的生活，但你仍然认为有其价值？

3. 了解一个思想实验“缸中之脑”。你觉得这样的生活是否可以接受，为什么？

4. 如果有永生，世界和我们的人生会有什么不同？

5. 生命具有最高价值吗？

推荐阅读

1. 亚里士多德：《尼各马可伦理学》，廖申白译注，北京：商务印书馆，2017 年。

2. 罗素：《幸福之路》，刘勃译，北京：华夏出版社，2016 年。

3. 罗伯特·诺奇克：《经过省察的人生》，严忠志等译，北京：商务印书馆，2007 年。

4. 托马斯·内格尔：《人的问题》，万以译，上海：上海译文出版

① 卡尔·萨根：《暗淡蓝点：探寻人类的太空家园》，叶式辉等译，北京：人民邮电出版社，2014 年，第 7 页。

社，2000年。

5. 泰勒·本-沙哈尔：《幸福的方法》，汪冰等译，北京：中信出版社，2013年。

道德困境与道德选择

张容南/文

在我们的日常生活中，我们可能会面临一些道德选择：在公交车上看见小偷偷别人的钱包，我是应该立刻阻止他还是装作没看见？早上急匆匆赶往学校的途中，看见一位老人摔倒在地，我要不要去扶他起来？我们脑中可能会跳出两种不同的声音，一个声音叫我们去帮助他人，而另一个声音告诉我们别管闲事，免得惹祸上身。当这样的情况发生时，我们感到了内心中两种力量的撕扯，我们意识到了做一个有美德的人意味着什么。还有一些时候，我们不会面临很强的内心冲突，但我们同样认识到我们的行为选择会在道德上带来截然不同的后果。例如，当我选择不去食用野生动物，不去购买野生动物的制品时，虽然我知道我的行动力量有限，无法阻止这类活动在短时间内消失，但通过我的行为，我表达了我的道德立场。不使用外卖餐具，尽量自带水杯出行，做好垃圾分类，这些行动不仅有利于保护环境，也表明了我的生活态度和道德倾向。

如果说一个人正是通过他的一个个生活选择——去哪里读书，到哪里工作，和谁结婚——塑造了他的生活轨迹，那么，他也正是通过他的每一个道德选择——要不要帮助他人，要不要节制自身的欲望，要不要爱护动物和保护环境——成为了一个有独特道德品格的人。人生可说是由一连串的选择构成的，每个人在这一连串的选择中，都可能遇到一些道德选择的困境，这些道德困境就像一道道难以穿过的路障一样困扰着人生前进的步伐，于是如何穿越这些道德困境就对人生具有十分重要的意义。明智的选择会使我们的人生少走弯路，不明智的选择则会使我们的人生误入歧途，甚至会造成“一失足成千古恨”的不良后果。

我们将通过关注一些典型的道德困境来剖析我们究竟应该如何进行道德选择的问题。道德困境又被称为道德上的两难处境，它指的是在此处境中你可以选择采取行动A或者行动B，且不管是选择A还是B都有道德上的理由，而你必须在两个或更多冲突选项之间做出选择的情况。对于解决这些困境，不同的道德理论有不同的看法，我们可以仔细聆听这些道德理论所给出的行动理由，看看哪个更能说服自己。当然，道德困境之所以被称为道德困境恰恰意味着它蕴含着一些直觉信念的冲突或一些核心价值的张力。在面临道德困境时，我们往往需要做出艰难的道德选择，这些选择之所以难以做出，是因为我们总是希望追求好的结果，但同时我们的行动又会受到一些基本的道德原则的限制。

一、应该如何行动?

近代以来的道德哲学尤其关注我们应该如何行动的问题。探讨我们应该如何行动是功利主义和康德主义的长项。这两种理论都聚焦于我们的行动的对错标准，并试图就我们应该如何去做给出一些规范性的要求。功利主义认为，道德的目的是通过引导人们的行为以创造出一个更好的世界。我们应该去做能够最大化地促进所有人的幸福（或效益）的事情，因此功利主义聚焦于行动的后果。与之相对，康德的道义论认为，将道德建立在产生最大幸福的算计的基础上，将使道德的基础变得脆弱。一个行为的道德价值不在于它所带来的后果，而在于行动的动机，即因为该行为本身是正当的而有义务去做，不是因为它是有用的或者能带来好处。人作为理性的存在者，其行动的法则不应来自外在于人而给定的东西，不管那是上帝的命令还是我的欲望；相反，我只能根据我自己所立的法则行动，而我所立的法要服从理性的普遍性要求。如果这听起来很抽象，那让我们通过一个思想实验——电车难题——来说明功利主义与康德主义的分歧。

想象这样一个场景：一列电车正接近轨道上的道岔。如果不转换轨道，那么电车将撞死轨道前方的五个人，如果转换轨道，电车会转向另一条轨道并撞死那条轨道上的一个人。没有办法使电车停下；但是你可以转换轨道让一个人而不是五个人去死。你会怎么做？

在回答这个问题之前，再设想另一种情况：还是一列电车朝五个人开去，不过这次你不是站在轨道转换装置前，而是站在轨道上方的一座桥上。你身边恰好站着一个身材肥胖的男人。你只要将他推下桥去，他那庞大的身躯就能挡住疾驰的电车，保住那五个人的性命。你会这么做吗？

这两个问题在全世界很多地方被问过，惊人的是，无论被测试者来自哪个国家，属于哪个民族、性别、种族和文化传统，他们的答案都非常相似：在第一种情况下，大多数人会选择扳动轨道，挽救五人而牺牲一人；但在第二种情况下，大多数人不会将身边的男子推下去，即便这意味着可以挽救更多人。

同样是五个生命和一个生命的比较，为何在两种情况下人们的选择会截然不同？对此，一种解释认为，在第一种情况下，我们可以“容忍一个人死亡”，但我们不愿意在第二情况下“亲手造成他人的死亡”，任其死亡（Letting die）和杀人（Killing）在道德上存在着重要的差别。从心理学上说，是主动造成他人的死亡还是被动地预见他人的死亡，会对一个人产生不同的影响。在主动的情况下，就算是为了挽救他人的性命，我们还是有“杀人”的感觉；而在被动的情况下，感觉更像是我们“影响”了这件事的发展，不会背负那种“杀人”的内疚感。[①] 换言之，在第一种情况下，我们之所以启动了人数比较的功利计算，是因为我们感觉自己在救人，在此情况下我们应该尽可能救更多的人；而在第二种情况下，我们之所以无法开启这一功利计算，是因为我们被“不能杀人”的道德律令所影响。这一测试表明，不管人们来自何种文化，人们更加反对直接造成伤害而不是间接造成伤害，更加反对将伤害作为一种手段而非救人产生的副作用。

我们可以考虑第二种情况的一个变种：你去医院看病，医院里有好几个等待器官移植的病人，其中一个需要移植肝脏，一个需要移植心脏，一个需要移植肺脏，还有两个需要移植肾脏。如果给你看病的医生决心去拯救那五个病人，一个划算的做法就是把你化整为零。这是一个多么可怕的想法！但它的逻

① 参见理查德·大卫·普列斯特：《我是谁？如果有我，有几个我？》，钱俊宇译，北京：社会科学文献出版社，2015 年，第 170 页。

辑似乎与前面相同：即我们可以为了救更多的人而牺牲少数人的正当权益。生活在这样的世界让人感到恐惧和颤栗。

如果你觉得这个例子太过荒谬，那让我们来看一下在现实世界中人们所面对的类似的道德困境。在第二次世界大战时期，美国第 33 任总统哈里·杜鲁门面临一个艰难的选择。他的军事顾问对他说，联军就要获得太平洋战争的胜利了，但是代价巨大，登陆日本会比诺曼底登陆付出更大的代价。但如果在日本的一两个城市投放原子弹，战争可能会更快地结束。杜鲁门一开始不愿意使用核武器，因为核武器带来的破坏力是巨大的，不仅日本军队会被消灭，日本的普通民众也会因此丧生，整座城市会遭到灾难性的破坏。但再三思虑之后，他还是签署了投放原子弹的命令。按照他的说法，这一决定虽然令人惋惜，但却缩短了战争，挽救了众多联军士兵的生命。

作为一种目的在于获胜的军事策略，投放原子弹的决定看似无可厚非，但在一些哲学家看来，这是一个完全错误的决定。牛津大学的女哲学家伊丽莎白·安斯康姆（Elizabeth Anscombe）认为，选择以牺牲无辜生命为代价来达到自己的目的，就是谋杀。针对投放原子弹能挽救的生命比它要夺走的生命更多的论证，她反问道："如果你不得不在烫死一个孩子和让一些巨大的灾难降临到 1 000 人身上——或者 100 万人，如果 1 000 人不够的话——之间进行选择，你会选哪个？"安斯康姆认为，有些事情无论如何都不可以做。在任何情况下，我们都不能杀害一个无辜者，不可因某人的行为而惩罚另一个人，不可背叛，因为有些道德规范是绝对的。[①]

① 安斯康姆对杜鲁门的批评，参见詹姆斯·雷切尔斯、斯图尔特·雷切尔斯：《道德的理由》，杨宗元译，北京：中国人民大学出版社，2014 年，第 123—125 页。

安斯康姆的批评指向功利主义的思维方式。功利主义由英国哲学家大卫·休谟提出，杰里米·边沁和约翰·斯图尔特·穆勒予以完善，它之后逐渐成为影响西方世界（19 世纪和 20 世纪）的一种主流道德理论。功利主义要求我们在所有情况下尽我们的所能实现最大的幸福。根据功利主义的思维方式，判断一个行动正确还是错误的标准在于采取这一行动能否带来最大化的效用。功利主义通过提供一种正确的衡量标准——效用最大化——来使道德决策变得简单。这种思路根据行动的后果来判断其对错，因此，当我们可以救五个人而不是一个人时，我们显然应该去救五个人，即便这意味着牺牲那个无辜的人；同样，当投放原子弹能缩短战争，导致更少的人死亡时，我们就应该投放原子弹，即便这意味着牺牲广岛和长崎的无辜民众。

但这种功利主义的思维方式可能会带来一个严重的问题，即“谁也不知道，他是否会在哪一天成为这种功利计算中的少数，因为大多数人的利益而被‘合理地’牺牲掉”。对此，一种康德主义的立场认为，每个人自身即是目的，而不能仅仅被看作是工具。所以，以某些人的生命为代价来达成另一些人的目的是不可接受的。康德主义者认为，判断行为对错的标准不在于行为的后果，而在于行动的动机，在于这一行动能否获得理性法则的批准。它的形式不是：“如果你想要某个结果，那么你就应该做某事。”道德的要求是绝对的，它采取的是一种普遍的形式：“你应该做某事，当且仅当做这件事能够获得所有人理性的认可。”道德采取的是一种普遍立法的模式，所谓“普遍立法”，指的是你愿意你自己采纳的这个准则变成一个被所有理性存在者普遍接受的法则。如果所有人在采纳准则的时候，都愿意自己的准则成为一个普遍的法则，那么，我的立法和你的立法就不会发生任何冲突。在此意义上，我们所立的法就是一种普遍的法，且由于我们每个人都是立法者，所以我们所立的法就具有了普遍性。例如，"不能杀人"是一个康德主义意义上的道德的绝对律令，因为没有任何人会愿意被其他人杀死。所谓绝对律令，就是绝对的、无条件的道德律令。康德指出，你应该把你人格中的人性和其他人人格中的人性，在任何时候都同样看作是目的，永远不能只看作是手段。因此，以牺牲无辜的少数人来达到拯救多数人的行动在康德主义者这里是得不到辩护的。

二、道德规范是绝对的吗？

在以上论辩中，康德主义的立场似乎占据了上风。康德是谁？伊曼努尔·康德（1724—1804），出生和逝世于德国的柯尼斯堡，是德国古典哲学的创始人。他的学说深深影响了近代西方哲学，并开启了德国古典哲学和康德主义等诸多流派。康德是启蒙运动时期最后一位主要哲学家，是德国思想界的代表人物。他被认为是继苏格拉底、柏拉图和亚里士多德后，西方最具影响力的思想家之一。

康德塑造了后世人对道德行为的看法。那么，康德这位伟大的德国哲学家是如何来定义道德的呢？什么样的行为可以算作道德的行为呢？康德区分了两类不同的道德命令，一类被他称为"假言命令"，一类被他称为"定言命令"。

"假言命令"的形式是这样的：如果你想要 X，那么你应该做行为 Y。例如，如果你想考上某所重点大学，那么你应该通过该所大学的录取分数线；或者，如果你想去马来西亚的海岛潜水，那么你应该学习一些潜水的技能。我们有很多行为都被这样的“应该”约束，它告诉我们，如果我们想要实现某个特定的行为目的，那么我们需要做些什么。在康德看来，这种用法的“应该”不具有绝对的道德价值，因为这种意义上的“应该”只取决于我们特定的欲望，每个人的欲望不同，应该做的事情就不同，况且服从于我们的感性欲望不能体现出我们作为理性存在者的尊严。

“定言命令”的形式有所不同，它意味着：出于理性的要求，你（不）应该做某事，它不取决于你任何特定的欲望。例如，有一天你起晚了，上学迟到了，如果你谎称自己生病了，就不会被老师责怪。但康德认为，你不应该撒谎，即便撒谎可以让你免于被老师惩罚。再来看另一个例子。假设有个人需要借钱，但除非他许诺还钱——他知道他没有能力还钱——没有人会借钱给他。为了借到钱，他是不是应该做出一个虚假的承诺呢？如果他这样做的话，他的行为准则就是：每当你需要借钱时，就应该许诺会还钱，即便你知道你实际上没有能力还钱。康德追问道，这个行为准则能够成为人们行动的普遍准则吗？显然不能，因为如果人人都这么做，那么就不再会有人相信这样的许诺，也没有人会因此而借钱给别人了。所以，定言命令是可普遍化的行动准则，是所有的理性存在者都可以认可的行动准则，在此意义上，它又被称为道德的绝对命令，是人们应该无条件遵循的。

那么，定言命令应该满足哪些条件呢？康德对此给出了三条说明：

1. 你要这样行动，就像你行动的准则应当通过你的意志成

为一条普遍的自然法则一样。【可普遍化原则】

2. 你要这样行动，永远都把你的人格中的人性以及每个他人的人格中的人性同时用作目的，而决不只是用作手段。【人是目的原则】

3. 每一个理性存在者的意志都是一个普遍立法的意志的理念。意志……必须被视为自己立法的。【自律原则】①

这三条说明总结起来的意思就是，所谓道德的原则，是你自己制定的可以被普遍化的法则，它表达了对人性的尊重。我们可以用康德的这几条要求来测试一些行动准则，看它们能否成为道德的原则：

1. 你不愿意花力气去扶起摔倒的人，但你希望你摔倒的时候有人可以把你扶起来。

2. 说谎在任何条件下都是不对的。

根据康德的看法，第一条行动准则不能成为道德的原则，因为它不能获得理性存在者的普遍赞同，如果人人都这么想，那就没有人愿意在你摔倒的时候扶起你。第二条原则可以成为道德的原则，因为如果人人都通过说谎来达到自己的目的，那就没有人愿意说真话，我们将生活在一个谎言的世界里。而且康德认为，哪怕是为了实现某个好的目的而说谎也是错误的，因为它违背了我们人格中的人性尊严，所以说谎在任何条件下都是不对的。

我想，大家会同意第一条行动准则不能成为道德的原则。但对于第二条准则，有人可能会问，说谎在任何条件下都是不对的吗？那么，善意的谎言呢？康德对道德法则的要求是不是

① 参见康德：《道德形而上学原理》，苗力田译，上海：上海人民出版社，2002 年，第 39、47、49 页。

过于严苛了？

例如，在中国乃至东亚社会中，向家里的老人隐瞒其严重的病情不是很多家庭的做法吗？我们还可以设想一个更极端的例子。你的朋友躲在你的家里，一个谋杀者正在追杀他，他问你有没有看到你的朋友。你应该告诉他真话吗？我想没有一个人会认为在这种情况下说真话是一种美德。相反，大家会认为，冒着风险隐瞒朋友的藏身之处才是我们应该做的。这说明，说谎并非在任何条件下都是错误的。

这个例子是否说明康德的道德理论过于严苛，以至于在特殊情况下难以符合我们的道德直觉呢？另外，它是不是又把我们带回了功利主义的老路上：即为了得到好的结果，有时我们不得不做一些道德上成问题的行动，如说谎呢？

如果你认同这种说法，那么看起来为了得到好的后果，有时我们不得已而杀人，也不是不可接受的，只要这个后果带来的好处足够大。这也是一些功利主义者的想法，我们可以通过计算我们的收益和损失，来决定我们应当如何行动。我们的收益相对于我们的损失越大，我们行动的理由就越充足。

这里的论证可能有一个滑坡。然而，针对那些批评和质疑，功利主义者可能会说，首先，功利主义者并不赞同人们毫无道德底线地去做那些会为他们自己或他人带来好处的事情，因为生活在这样一个世界中没有任何人会有安全感和幸福感可言，这样的世界是一个彻底的黑暗世界。一个人人都通过谋杀、欺诈和谎言来获益的社会是难以维系的，注定会走向溃败。所以，功利主义会更青睐一个人人遵守一些基本道德义务和道德原则的世界，这样的世界会产生出更大的善和幸福。其次，即便在一些特殊的情况下，功利主义赞同我们为了多数人的利益而不得已牺牲少数人的利益，这种牺牲之所以可以得到辩护，也是因为这种牺牲可以避免更大的伤害和痛苦，而不是因为这种牺牲能够让某些特殊的人或群体获益。因此，向谋杀犯说谎之所以可以得到辩护，是因为说谎可以阻止谋杀犯对你的朋友造成更大的伤害。而医生之所以不能杀掉一个病人去挽救其他病人，是因为为了某些人的利益而伤害无辜者是完全错误的。

那么，我们又应该如何来评价杜鲁门下令投放原子弹的例子呢？我们再来看一个可以与之相比较的现实生活中的例子，也许事情就会更清楚一些。2001 年，在美国遭受 9·11 袭击的当天，美国总统小布什正在佛罗里达州艾玛布克小学与小学生座谈。他一开始以为那架飞机不幸撞上世贸大厦是个意外事故。但当 15 分钟后，第二架飞机再次撞上大厦后，他意识到这是针对美国的有组织的恐怖袭击。他发表简短声明后，搭上了他的专机“空军一号”，并与白宫的重要幕僚进行紧急磋商。小布什回忆说：“（当时）我们不知道是否还有其他飞机被劫持，因此我在‘空军一号’上做的第一个决定，就是命令空军击落任何对降落要求没有回应的客机。要空军击落一架满载美国公民的客机，是极困难的决定，但我认为这是保护国家的最佳手段。”小布什在后来的一次访谈中谈到：“当我被告知联合航空第 93 号航班在宾夕法尼亚州坠毁时，我以为它可能是我下令击落的。这让我感到非常痛苦，因为我的命令害死了这么多无辜的人。后来我们才搞明白飞机上发生的事情，这些美国公民非常勇敢和伟大，他们与恐怖分子搏斗，以自己的牺牲拯救了更多人。”多年之后，小布什在他的个人回忆录中声称，这是他从政以来最艰难和最痛苦的时刻。

作为当时的美国总统，小布什的决定正确吗？如果你在他的位置上，你会做出怎样的决定？下令空军炸毁不听指令的美国客机（这意味着这架客机已被恐怖分子劫持），以牺牲飞机上的乘客为代价，来换取其他美国公民的安全，在道德上是正当的吗？这个例子和杜鲁门下令向广岛、长崎投放原子弹有何不同？

首先，这两个例子都涉及紧急状况，一个是战时状况，另一个是突发的国家安全事件，类似于战时状况，它们都要求领导人做出重大决定，以保护其公民的生命安全。其次，在这两个例子中，领导人的命令都涉及无辜者的牺牲，前一种情况中的无辜者是日本的普通民众，而后一种情况中的无辜者是被劫持客机上的普通公民。最后，两位领导人——杜鲁门和小布什——做出的决定都是以牺牲无辜者来换取军事胜利或国民安全，只是前者的命令下达造成了灾难性的后果，而后者下达的命令并不是 93 号航班坠毁的原因。

从道德上看，对这两个例子的评价似乎应该没有不同。但仔细分析后会发现，这两个例子还是存在一些重大的区别。小布什下令击落的 93 号航班不幸被恐怖分子劫持，它正在飞往恐怖分子想要攻击的军事目标。联航 93 号班机上的乘客和空服员们在遭劫机后通过电话与他们的亲人联络，最后决定采取行动击退劫机者并夺回飞机。尽管他们最终没能恢复对飞机的控制并成功降落，但乘客们的反击行动最终迫使劫机者将飞机朝地坠毁，而没有抵达原先的目标。他们通过自己的牺牲避免了更大范围的伤害。而小布什总统的决定虽然看似对飞机上的乘客不公，但在那种情况下，由于乘客们生还的可能性极低，所以击落被劫持的客机，避免它造成更大的灾难，是一个不得已却合理的决定。杜鲁门总统的决定与之不同，在他做出投下原子弹的决定之前，联军已经掌控了战争的局面，获胜是早晚的事，投下原子弹是为了逼迫日军更早地投降，让战争更快结束。但是，杜鲁门并不确切地知道将会发生什么事。日本人可能会被打趴下，但他们仍然可能拒绝投降，而登陆日本可能依然是必要的。所以杜鲁门只是出于希望出现更好的结果而赔上了成千上万人的生命。这是一场豪赌。虽然后来日军的确投降了，但投放原子弹所带来的伤害影响了后来的几代日本人，是一种极为严重的伤害，即便其初衷是为了结束战争。

与小布什的例子相比，杜鲁门的例子之所以更难得到辩护是因为它带来的伤害与收益之间的比较不是那么清晰，很难说让普通的日本民众去死就比让联军牺牲更合理。此外，除了投放原子弹，难道就没有其他的办法让日军更快投降吗？这是唯一且不得不使用的最后手段吗？看起来也不是。对于战争而言，这也许是一个有效的手段，却不是一个在道德上可以得到辩护的手段。从西方的正义战争理论来看，杜鲁门的决定也存在三个明显的不当之处：第一，通过攻击非战斗人员来实现战争的军事目的；第二，使用武力必须和战争的目标相称，过度杀人是不被允许的，这违背了战争行为的成比例原则；第三，除非在极端情况下，否则不得轻易使用大规模杀伤性武器，如核武器。

三、余　论

讨论这些复杂的案例可能会让人觉得，不管是功利主义还是康德主义，在面临道德困境时都难以给出一个让我们觉得完全满意的解答。这到底是因为这些道德理论本身有瑕疵还是因为我们的道德生活本来就很复杂呢？在日常生活中，我们往往不容易遇到如此艰难的处境，因为我们可能幸运地生活在一个秩序良好的社会环境和家庭环境中。我们被很好地保护了起来，以至于我们不用直面生活中的痛苦与牺牲。但在一些特殊的情况下，我们可能会遭遇到人性中的恶：当面对小偷时，我要不要勇敢地站出来？我们可能会置身于危险的境地：当得知楼道起火时，我应该第一时间选择逃生，还是挨家挨户去通知邻居？在面对危险和牺牲的风险时，没有一个道德选择是容易做出的。

可能有人还是会说，这类问题看起来发生在人们身上的概率很低，我们可能一辈子也遇不到这样的问题，似乎没有必要为这些问题烦恼。但现在，自动驾驶技术需要提前考虑这种极小概率的困境，比如，一辆自动驾驶的汽车无论怎样都不可能避开所有人，如果撞人是不可避免的，那它应该怎么办？为了应对这一问题，最近，美国麻省理工学院媒体实验室通过网站对人们进行了测试，从全球数百万人所做出的近四千万次道德决策中可以看出，人们共识度较高的排序是：优先救人而非动物、优先避开人多的那个方向、优先救年轻人而非老年人；此外，优先救守法的人，而不是违反交通规则的人。这些共识在一定程度上反映出人们共享的一些价值排序。关于牺牲的道德困境究竟应该如何权衡，既是出于维护现实秩序的需要，也很可能将来在不同的国家基于文化差异而催生出不同的管理规则。[①]

① 王江涛：《是否牺牲一个人救五个人？电车难题的最新研究》，《南方周末》2020 年 6 月 20 日。

2020年在全球大规模爆发的新冠肺炎（Covid-19）疫情同样考验着我们的道德直觉。在一些西方国家，由于公共卫生系统和公共医疗资源遭到了严峻的挑战，在医疗资源有限的情况下，选择优先救治谁，就成为一个紧迫的道德问题。功利主义的支持者认为，我们应该选择那些能带来最大多数人的最大福祉的行动和政策，而这意味着我们要根据一些变量来权衡不同人的生命福祉。例如，根据功利主义的要求，在其他条件相同的情况下，应该尽可能救更多的人。这意味着那些治愈率更低、需要更长治疗时间、更多医学资源的病人会被放弃或被置于等待名单中。功利主义者还会考虑治疗带来的好处能持续多长时间，会给病人带来什么样的生活品质。这意味着预期寿命更短的人（通常是老人）或患有其他基础疾病的人（如残疾人）会被放弃或被降低优先级。这些做法令功利主义饱受争议，但大规模的流行病肆虐令平等待人的道德要求变得难以实现。生命面前不应该人人平等吗？为何因为年老或者残疾就不具备被优先抢救的资格呢？坚定的功利主义者、牛津大学应用伦理学中心的主任朱利安·萨乌莱斯库（Julian Savulescu）教授指出，在此情况下，如果不仔细考虑行动的后果，可能导致本可避免的大规模的生命损失。[①] 但一个社会只考虑优先治疗那些青壮年，或只关注被治愈的数量，会让这个社会中的弱势群体有何感受呢？

因此，思考这些道德困境，在这些思想实验中测试我们的道德直觉，对于我们进行道德选择和做出道德判断仍是有帮助的。尽管不同时代的人或身处不同文化传统的人对这些问题的

---

① Julian Savulescu, Ingmar Persson, Dominic Wilkinson, "Utilitarianism and the pandemic", *Bioethics*, 2020, 34 (6): 620-632.

回答可能存在细微差异，但珍惜自己的生命和尊重他人的生命是几乎所有文化中都存在的没有争议的道德准则。在此基本共识下，当遭遇具体的道德困境时，我们应该如何行动，可能不是一两条道德规则能够清晰地告诉我们的，我们更需要借助自身的实践智慧，在行动的动机和后果之间进行权衡，结合对具体情境的分析，才能做出一个较为合理的判断。道德生活的复杂性和动人之处也恰恰在于此。

一起思考

1. 关于行动的理由，功利主义和康德主义各自给出了什么建议?

2. 在一些西方国家，法律赞同被动安乐死（停止医学治疗），却反对主动安乐死（医师协助病人死亡），请问这两者之间有何区别?试着用任其死亡（Letting die）和杀人（Killing）的区分来分析一下。

3. 你在生活中遇到过什么道德困境吗？你最后做出决定的理由是什么?

推荐阅读

1. 詹姆斯·雷切尔斯、斯图尔特·雷切尔斯：《道德的理由》，杨宗元译，北京：中国人民大学出版社，2014 年。

2. 理查德·大卫·普列斯特：《我是谁？如果有我，有几个我?》，钱俊宇译，北京：社会科学文献出版社，2015 年。

联合行动与感知他者

何　静/文

一起建造一艘船、共同抵抗外敌入侵……无论彼此是否相识，人类能够通过联合行动来进行思想交流、共同完成任务。可以说，人类是地球上唯一能够进行灵活交互以及大规模联合（集体）活动的生物。

尽管其他的生物类型也表现出合作性行为，如群居的蜜蜂和蚂蚁等，它们能够有大型的合作行为，但却无法灵活地进行合作。它们基本依赖一种特定的合作模式，当出现新的危机或危险的时候，无法迅速、有效地更新现有的社会机构和模型。其他的哺乳类动物，如狼、黑猩猩、海豚等，它们能更加灵活地合作，但是只限于小范围内的合作，因为这些合作行为的基础在于彼此之间紧密的接触和了解（如配偶、家庭等）。人类则不同，人类既能灵活地耦合，又能大规模地进行合作并形成极其精细而有效的合作网络。

那么，这种令我们在所有动物中独树一帜的合作能力仅仅是社会性本能吗？从认知的角度来说，我们如何感知并理解他者行动的意图和情绪？这样的疑问不仅仅是社会认知研究亟待解决的理论难题，也是“他心问题”这样古老而常新的哲学难题的核心关切。由于伦理与道德总是发生在我们的共同生活之中，对联合行动和他心的思考可以帮助我们更好地理解伦理问题。

一、人类的联合行动

历史学家赫拉利曾在其著作《人类简史》中提出，史前人类对这个世界的影响并不比水母、大象等要大，而今天的人类却成为了地球的主宰者。我们是如何从无足轻重的生物变成地球的控制者的呢？

在赫拉利看来，在个体上人类的身体以及大脑的构造与大猩猩并无大异，换言之，人类和其他动物的区别很可能不是在个体层面上，而是在集体层面上——人类是地球上唯一能够进行灵活交互以及大规模联合活动的生物。① 就好像我们常常需要借助纸和笔来帮助我们计算，通过笔记本或电脑来帮助我们记住一些重要的信息，我们也需要通过和他者交互和合作来帮助我们完成一些仅靠一己之力所无法完成的事情。

尽管其他的生物类型也表现出联合行动，如群居的蜜蜂和蚂蚁等，它们能够进行大型的联合行动，但却无法灵活地进行合作。它们基本依赖一种特定的合作模式，当出现新的危机或危险的时候，它们无法迅速、有效地更新现有的社会机构和模型。

其他的哺乳类动物，如狼、黑猩猩、海豚等，它们能更

① 尤瓦尔·赫拉利：《人类简史：从动物到上帝》，林俊宏译，北京：中信出版社，2014 年。

加灵活地合作，但是只限于小范围内的合作，因为这些联合行动的基础在于自此之间紧密的接触和了解（如配偶、家庭等）。人类则不同，人类既能灵活地耦合，又能大规模地进行合作，并形成极其精细而有效的合作网络。人类历史上所有伟大的成就，不管是万里长城的建造还是火箭的发射，依靠的都不仅仅是个人的智慧和才能，而是集体的智慧和联合行动的能力。

联合行动指的是两个或两个以上的主体，为了实现同一个目标而采取的行动。在社会生活中，我们经常会遇到这样的例子：上海申花队决定赴日参加中日友好球赛、美国政府决定对阿富汗进行军事制裁、学校董事会决定免去张先生的校长职务……在这些情形中，“上海申花队”“美国政府”和“学校董事会”都是典型意义上的集体。那么，让我们来思考一下，谁是联合行动的行动主体呢？

部分研究者从集体主义的角度主张存在一个集体的行动者，它是联合行动的承担者。举个例子，2020 年 1 月 28 日，习近平总书记在会见世界卫生组织总干事谭德塞的时候指出：“我们完全有信心、有能力打赢这场疫情防控阻击战。”最终，通过国家、疾病防控中心、一线医护人员以及广大人民群众的努力，我们解除了 2020 年初武汉面临的新型冠状病毒的危机。

这里行动者并非是个体的行动者，而是一个高于所有参与个体之上的超级行动者（super-agent）。这是一个特殊的综合体，是联合行动的主体，同时也具备相应的意向和心理特征。那么，这样的超级行动者真的存在吗？

更多的学者则从个体主义的角度出发，去探讨这样一种联合行动的构成性。韦伯（M. Weber）提出，能够被社会科学认可的行动者只能是个体。在韦伯看来，只有个体才能被看作是主体可理解的行动的承担者，集体无法作为意向性解释的对象。[①]

因此，集体意向并不真实存在，把意向归因于一个集体仅仅是语言学表述的需要。当我们说“学校董事会决定免去张先生的校长职务”的时候，学校董事会并不是真的具有这样一种意向，这是为了描述而采用的方便说法。简而言之，在个体主义看来，在联合行动中，其中的参与者所采取的行动只能作为个体行动的示例。

但是，这样一种纯粹的个体主义描述似乎违背了社会的常识。在现实社会生活中，我们常常会听到一个宗教团体、科学协会发表具有集体信念、集体责任的话语或文字；我们也常常看到某个公司或者集团，因为触犯了法律而被法院追究法律责任。如果，一个集体可以成为某个联合行动的主体，那么它到底是什么，它和个体的关系又是怎样的？

让我们一起思考一下下面这个简单的联合行动的例子——我和你一起去附近的公园散步。在这个一起散步的联合行动中，涉及到两个主体。两个人拥有一个目标——去散步。如果按照集体主义的观点，散步的主体应当是一个不同于你和我的另一个主体——集体。但是，显然这里涉及的主体是两个（我和你），而不是一个（不存在一个主体“集体”自己去散步），也不是三个（除了你和我之外，另外一个作为我们综合体的主体）。

① Weber, M., “Some Categories of Interpretive Sociology”, trans. E. Graber, *The Sociological Quarterly*, 1981 (22), pp. 380 - 389.

我们中的每一个人都和另一个人相伴去散步，因此我们中的任何一个人都不能成为“我们去散步”这个联合行动的单一拥有者。我们一起散步这个行为是为我们两个人共同执行的。因此，这个行动的行动者，并不是一个个体，也不是高于个体之上的超级个体，而是多个个体为了一个目标而共同采取了行动。

如果想要合作一首二重唱《我和我的祖国》，就要求我和你共同拥有这个目标。如果你仅仅以唱好自己的低声部为目标，而我也仅以唱好自己的高声部为目标，那么尽管我们仍然能一起歌唱，但却不能说我们在合作二重唱。如果要唱好这首二重唱，我们就需要共同以此为目标。

这意味着，联合行动的实现不仅仅需要行动的参与者拥有相似目标，而且需要参与的每一个个体都拥有同一个目标。换言之，联合行动的关键在于多个参与者、一个目标。但是，其中的挑战在于，如何调和整体的行动与多个行动者之间的合作行动的差异呢？

著名哲学家塞尔（J. Searle）认为，我们应该从生物的社会进化过程中寻找线索。在他看来，这种个体间的合作能力是人类进化出来的一种前意识能力。[①] 也就是说，个体将他者看作是具有意向性的、可能合作的行动者，这种人类原始的知觉能力，是不同个体间进行交流以及形成联合行动的必要前提。

然而，从认知科学的角度来看，个体间的交流以及合作必须以我们对他人情绪和行动的感知为基础。我们从朋友脸上的

---

① Searle, J. R., “Collective Intentions and Actions”, in P. Cohen, J. Morgan and M. E. Pollack (eds.), *Intentions in Communication*, Cambridge: MIT Press, 1990, pp. 401 - 416.

泪水，感受到她内心的悲痛；当看到一个人扭曲的面庞，就知道他现在疼痛难忍。这种对他人的基本感知构成了人类社会性的基础。接下来，我们将进一步探讨我们到底如何感知他人，以及其中所蕴含的自我与他者的关系。

二、哲学史上的经典问题——他心问题

我们如何理解他者这样的问题，与身心问题一起被认为是心智哲学的两大基本问题。在西方哲学史上，存在着一个关于根深蒂固的他心认识的非对称性传统：我们对自我的心智状态是自明的，对他人的心智状态却不是。这种非对称性的哲学传统，为他心问题蒙上了一层神秘主义的色彩。

笛卡尔是这种非对称性哲学传统的奠基人。

早在17世纪，笛卡尔就作出了对自我与他者关系的大胆论断：较之于他者，我们对自己的心智状态具有更简单、更自明的觉知。在著名的白蜡论证中，笛卡尔谈到：当我们看着一块融化着的蜡，我们注意到随着热量的增加，白蜡的物理性质都发生着变化。尽管如此，我们还是会把融化前后的东西，看作是同一块蜡。究竟是白蜡中的什么东西，让我们的理

笛卡尔

解如此清晰和确定？

笛卡尔洞察到，显然不是因为那些通过感官而获得的关于白蜡的特征。变化了的物理性质对我们的判断而言并不是根本的，我们意识到白蜡经历了诸多变化但自身仍保持不变。这表明，我们对世界中事物的理解依赖的是“天赋的观念”。进一步地，笛卡尔提出，对于我们而言，至少有某种自我知识比我们对其他事物的本性的认识更容易获得。在关于白蜡的认识和判断中，就蕴含着我们关于自身心智状态的知识。由此，笛卡尔强调，我们对关于自我的知识具有第一人称的优先通达性，它蕴含在所有的知识状态中。

笛卡尔所开创的心智哲学开启了现代西方哲学强调“我心”与“他心”非对称性的传统，即自我的心智状态是自明的、直接可通达的，而他者的心智状态则是神秘的、无法通达的。在笛卡尔之后，历史上围绕这一主题展开的哲学讨论主要有：类比论证、行为主义论证、符号语言论证、归纳论证、假说-演绎证明与“云室痕迹”类比等。其中影响最深远的就是类比论证。

类比论证的开创者是密尔（J. Mill）。

在密尔看来，自我意识活动的展开遵循着一定的次序。在这个次序中，开端是我身体的调整，中间环节是理智、情感和意志，而终端则是外显的行为。同时，他者的意识活动也遵循着同样的次序，并且这个次序是稳定而恒常的。是我的经验令我察觉到，他者和我一样，由第一个环节通过了一系列中间环节引发了最后的环节。

罗素同样支持自我理解他者过程中的“类比”进路。罗素认为，我们注意到自身的身体会因为某种刺激而产生相应的心智活动，进而这些心智活动又引发了某种特定的行为。同时，我们也注意到，他者的身体也是以类似的方式被影响并产生行为。

由此，我能够通过类比的方式推导出他者的行为也是由某些心智活动引起的，这种心智活动与我自己曾拥有的心智活动类似。例如，我们知道手碰到滚烫的锅沿与剧烈的疼痛相联，并且这种疼痛的感受会引发尖叫并引发迅速将手缩回的动作。所以，当我们看到一个人因为不小心碰触了滚烫的锅沿而尖叫着把手缩了回来的时候，我们就能够推论出他一定感受到了剧烈的疼痛。

这种类比推理的过程，在很长时期内被看作是理解他者心智的最有效途径。但也有部分哲学家流露出了对类比论证的担忧。例如，维特根斯坦批判类比论证的实质是从“我心”过渡到“他心”。换言之，我以“我疼痛”为前提而得出“他疼痛”的结论，这意味着我不仅仅将同一种疼痛同时归因给了两个不同的主体（自我和他者），同时我必须要按照我曾经经历过的疼痛来想象我当下没有直接感受到的疼痛。

稍晚于维特根斯坦，舍勒也对类比论证进行了批判性反思。在舍勒看来，如果类比论证确实有效，那么我的身体经验给予我的方式与他者的身体体验给予我的方式之间必然要存在相似性。但事实上，我通过本体感受系统感知到了自己的身体体验，而通过观察感知到他者的身体体验，因此我感受自身体验和感受他者体验的方式并不相似。

并且，如果这样，那么我为什么能够常常明确感受到那些和我拥有不同身体类型的物种的情绪。例如，尽管我和一条狗拥有不同类型的身体，但是我看到他见到主人摇尾晃脑的样子，我确实知道它很快乐。和维特根斯坦的担忧一样，舍勒认为首要问题在于：类比论证的出发点是直接而无中介的自我意识，而这种根据观察建立起来的自我意识和他者意识之间的联系并不具有必然性。

三、主流的社会认知理论

尽管受到了部分哲学家的质疑，但是这种关于他心问题的哲学讨论对 20 世纪兴起的社会认知研究产生了巨大的影响。“理论论”（theory theory）和“模拟论”（simulation theory）是当前两大主流社会认知理论。

理论论主张：主体基于那些关于“他人通常是如何采取行动的”以及“我们的心智状态是如何引起自身行为的”的先天理论，对他人的心智状态进行推理。这些先天理论一旦形成，就是主体理解他人首要的、最有效的途径。

而模拟论则认为，主体对他人的理解并非依赖于理论推理，而是因为主体先天地就能够通过自身的心智模型对他人的信念和意图进行模拟。

不少哲学家意识到，理论论和模拟论在许多重要的方面存在着差异，但却共享了一些基本的哲学预设：

1. “内部世界”假设：他人的心智是一个隐匿的内部世界。

自我与他人心灵之间存在着无法消弭的非对称性，由于我们无法直接感知他人的心智状态，而不得不诉诸理论推理或模拟程序来理解他人的内心世界。

2. 身体仅作为模拟或推论展开的界面：理论论和模拟论关注的是交互的心灵而非交互的身体。

从本质上说，我们对他人的理解过程就是两个笛卡尔式的心智之间的信息的投射、转译和接收过程。在这个过程中，身体仅仅起到了生理性的中介作用。

3. “离线”的认知模式：为了达到理解他人的目的，主体作为“观察者”，从第三人称的视角对他人的行为及情绪进行理论推理或模拟。

由于我们每个人都拥有一套先天的理论和模拟原型，因此在一定程度上，这种推论或模拟过程并不依赖于我们所处的具体情境。

4. 大脑的机制决定社会认知能力的发展：理论论和模拟论共同预设了我们感知并理解他人的能力的发展取决于我们大脑神经机制的发育。

我们的推理能力或模拟机制的发育是发生在大脑内的过程，相对独立于我们后天与他人的交往经验。

然而，这种通过个体的大脑机制（或特殊模型）来解释社会认知现象的范式受到了越来越多研究者的批判和挑战。

首先，按照这种范式，我们很难真实再现作为社会交往最主要和最核心组成部分的人类面对面（face to face）交流过程。在大多数日常的交往过程中，主体往往能够在他人的面部表情和姿势中或情境性的运动中直接感知他人的意图和情感。

例如，当看到一名父亲因为痛失爱子而黯然落泪的时候，我们无须经过复杂的计算，也无须通过自身模型或理论推论，就能切身感受到他内心巨大的悲痛。当然，在一些复杂情形中，我们的确可能需要运用模拟或理论来达到理解他人的目的，但是这却不构成我们理解他人的首要方式。

其次，社会交往的本质是动态交互的。在主体与他人的交往过程中，我们并不只是作为一个被动的观察者，设身处地地按照“自身”或“他人”可能具有的信念对他人的行为进行解释。相反，主体作为一名积极的参与者，在共同所处的情境中，与他人和环境进行直接交互。

这意味着，真正意义上的社会性理解是一个在主体之间的实时交互中涌现出来并不断相互建构的过程；孤立的个体的心智能力或者静止的大脑机制无法对这个过程进行充分的描述。

最后，尽管理论论和模拟论在不同程度上都将主体与环境之间的交互过程纳入了各自的理论模型，但却并不赋予交互过程以核心地位。在传统的社会认知进路中，社会化的环境和他人是预先给予的；社会认知本质上就是主体对他人的意向和行动进行内部映射或建模，并由此为他人的行为提供解释。

由此，以加拉格尔（S. Gallager）为代表的一批哲学家认为，我们感知他人并且与他人进行互动的过程不是一种基于大脑内部机制的推论或模拟过程，而是一种以主体间实时的交互为基础的过程。在这个交互过程中，他人的行动持续地对认知者的认知内容和方式产生影响，反之亦然。

因此，一些哲学家提出，我们感知他者的过程是一个“直接感知”的过程，无须诉诸间接的理论化或模拟化的信息转化。我们把这种观点叫作“直接感知理论”。

四、对他人心智状态和行动意图的直接感知理论

接下来，通过对直接感知理论的理论主张和方法论进行进一步阐述，我们将表明这种直接感知理论成功地消解了我们感

知他人过程的“神秘性”，为我们进一步理解联合行动以及主体间的交互性本质提供了可能。同时，这种在哲学现象学和动力系统理论基础上发展出来的社会认知理论，很好地解决了社会认知中的认识论问题，同时也得到了经验科学的证据支持。

在直接感知理论看来，社会理解不仅仅是发生在个体层面的过程，更涉及主体间的动态交互。具体地说，我们对他人的感知过程不仅与大脑相关，而且与“身体”也密切相关。

我们发现，我们对他人的理解往往是动力地嵌入到主体和他人的身体运动中去的；他人的意图并不隐匿，而是在他人的行动中得到表达；他人的意图不是预先给予的，也不是静止的，而能够在彼此的动态交互过程中形成和传递的。

“我”能够体会到“你”的感受，同样“你”也能够体会到“我”的感受——我们共同参与了一个主体间的视角。简而言之，我们在熟练地与他人进行互动的过程中理解他人。

具体地分析，这种直接感知理论中隐含了三个重要的概念：身体间性（intercorporality）、协调（coordination with）与参与式的意义建构（participatory sense-making）。

1. 身体间性——行动者与环境之间的身体对话过程

身体间性的概念是由法国著名现象学家梅洛-庞蒂提出的。他试图打破身体与心灵、自我与他者之间的严格界限，并将身体间性作为他心问题的讨论基础。

梅洛-庞蒂认为，我们与他者之间的关系，首先应当是一种原初的身体知觉关系。一个主体在自身的身体知觉中意识到另一主体的存在，而另一主体也在其身体知觉中意识到这个主体的存在。主体的意识，并不孤立地存在，它只有和身体结合才能够存在。

也就是说，世界上的主体不是作为一个单纯的思考者存在，而是作为一个具有身体属性的主体而存在。梅洛-庞蒂主张，在社会交往情境中，我们也应该“既不将他人置于自在之中，也不在自为之中”，而是置于身体间的共生关系之中。

梅洛-庞蒂进一步主张：身体间性沿着社会文化和自然两条线索展开。前者表明，我们和他人在社会文化的情境中共同生存、共同发展。我们通过对他人行为的意义的理解而与他人进行交互，因为他人行为的意义不仅仅是他人思考方式的表达，更重要的在于，它揭示了他人的生存方式以及主体间共生、共存的必然性。自然世界中的身体间性则表明世界与身体的同质性构成了身体间的基础。主体与自然世界的共生为主体间的共生提供了本体论的基础。

因此，在梅洛-庞蒂看来，自我对他人的感知问题不是意识问题，而是身体问题。沿着梅洛-庞蒂的思路，直接感知理论认为，“身体”不是心灵与世界的中介，而是心灵与世界的结合点与表达场所。

我们对他人意图和行为的理解，从本质上说，是一种由身体知觉引导的行动。一方面，这种由身体引导的行动并非建立在普遍的、脱离情境的世界模型之上，而是主体在具体的情境中，因为与他人相遇而生成的相关的知觉结构能力。因此，这种联合行动或者与他人进行互动而形成的交互行为，不等同于反射性的运动或本能的行动，而是我们熟练的身体活动对情境中的他人进行的回应。

另一方面，这种由身体知觉引导的行动还具有基本的认识作用。我们以在行动中得到表达的意向为前提，通过与他人知觉运动的耦合而形成了对他人的理解。

由此可见，社会性的感知、交互和理解过程不是一个线性的过程，而是行动者之间动态的身体对话过程。

例如，在双人舞蹈中，舞者之间的交流在很大程度上依赖于舞者自身身体运动的表达以及与他人身体之间“无声的对话”。一名舞者通过对另一名舞者用身体传递过来的力量的感知，来判定自己在下一个动作中应该用多大的推力。在日常生活中，我们也能够直接感知到他人紧绷的面部肌肉所传递的紧张情绪或紧蹙的双眉所表达的忧虑，并作出回应。因此，在交往过程中，行动者之间的理解体现了彼此相关并耦合的身体间的知觉关系。

2. 协调——行动者之间的动力耦合过程

认知科学家蒂亚戈和蒂保罗将“协调”定义为：两个或多个系统之间非偶然的持续耦合。例如，墙上的两个向不同方向摇摆的钟摆会慢慢变成同向摇摆，一群萤火虫往往会以同样的频率发光，等等。

福克斯和蒂亚戈在一篇合著论文中，进一步对两种不同形式的“协调”进行了区分：“对……的协调”（coordination to）和“与……相协调”（coordiantion with）。在他们看来，两者之间的本质区别在于：前者是单向的协调，是一个系统调节自身的速度或频率来与另一个系统相匹配，或一个系统随着另一个系统的变化而变化；而后者是双向的协调，意味着两个系统之间相互定义、相互规范并基于动态的交互而达到某种一致性（例如，两个伐木工人用一把锯子伐倒了大树）。

但是，这种基于相互的调节而获得的一致，并不意味着我们与他者行为的绝对同步。相反，实际情况是，我们与他者往往会在不同步、相异性甚至碰撞中寻求共同发展。从这个意义上说，差异的存在恰恰是我们理解他者的前提，绝对的同一只能导致我们与他者之间知觉状态的重合。

这种我们与他者之间协调的另一个特征在于，尽管双方都积极地参与到交互的反馈和前反馈环路中，起到对对方的引导和调节作用，但是任何一方却无法对由我们与他者共同构成的整体的交互过程进行掌控。

这意味着，一方面，我们能够感知到交互过程的节奏和模式，但却无法精准地对交互的结果进行预见；另一方面，我们对他者的理解过程无法被还原为个体的思维过程或行动，而是由两个行动者共同建构的、更高层面的自治系统。

由此，社会的交互系统因为具有自治性而获得了生命力。这种交互系统作为一种可识别的模式具有自身的结构。失败的协调经历或者出现的不协调可能会促使交互的双方更好地对已有的交互模式进行维护或重启。

同时，这样的体验极大地塑造了主体（作为参与者）的交往技能，或者用发展心理学的术语来说，主体获得了某种默会的“关系型知识”（relational knowledge）。如果说一种成功协调是以流畅性为特征的话，那么熟练的社交就是以这种灵活的交往技能或默会的关系型知识为特征的。

不难发现，直接感知理论关注我们与他者进行交互的动力耦合过程，但却不将身体间的交互视为纯粹的生理性或物理性的过程。这是因为我们的行动不但基于身体间知觉的引导，更是一种有意向性、有目标导向并富有情感的行动。

例如，一些简单的抓、指、挪动等基本的行动就已经体现了一个人的意图。这些基于个体意向性行动的意义不但构成了整个交互模式所具有的意义，也构成了社会性的理解和情感上的共鸣。

3. 参与式的意义建构——涌现的关系型知识

正如我们所见，通过将哲学现象学的视角与动力系统的视角相结合，直接感知理论为我们呈现了社会交互过程的两个层面。沿着现象学的思路，主体对共同参与的主体体验进行描述；沿着动力系统理论的思路，我们与他者的交互过程被看作是一个具有意图的、行动者之间的身体协调过程。由此，行动不仅仅是一个人意图的表现形式，且以一种有意义的方式令我们与他人的内心世界和行动相联并实现协调。

在直接感知理论看来，我们与他者之间的动力协调过程生成了意义。换句话说，共同意义的形成无法被还原到单个的主体，它需要两个主体的共同参与。

我们不妨以儿童为例。婴儿大约在 9 个月大的时候，他们学会了通过用手指向某个物体，来表达自己想要获得这个物体的意图。从发展学角度说，用手指指向某物的行为在本质上属于一种简单且不完整的抓握运动。但是，当婴儿这么做却无法实际抓到某物的时候，他的行为往往引发了婴儿照顾者（如父母或保姆）的帮助行为。这使得“用手指指向某物”获得了新的意义——由个体失败的抓握行动而引发的他人行动。

这种交往的模式以一种过程的形式投射在婴儿潜在的记忆中。慢慢地，婴儿就学会了如何使用这种富有意义的行动——作为一种自身意图的表达性行动。但是，需要指出的是，这种行动的意义并不源于个体婴儿大脑神经机制的过程，而是在婴儿与他人持续的社会交往中涌现和建构出来的。因此，在交互过程中涌现出来的意义并不是个体心智活动的特征或结果，而是一种分布式的现象。

但是正如前文所述，两个高度灵活的主体通过持续的协调行为而产生了更高层次的交互系统的可识别模式。这些交互模式慢慢在记忆中沉淀下来，并最终形成了主体默会的关系型知识。这种关系型知识就是我们关于如何在一些特定的情境中与他人进行交往的前反射的经验性知识，例如，如何引起他人的注意，如何避免与他人的冲突并重建联系，如何与他人分享快乐，等等。

这种关系型知识往往是无意识的，它们很难通过语言明确表述，也通常不处于意识的中心，却嵌入在我们与他者实际的交互活动中，与交往过程表现出来的共情、协调等能力密切相关。

因此，关系型的知识也是能够对我们与他人的交往质量进行塑造的身体间的知识。尽管随着年龄的增长，婴儿表现出来的前语言的交往图式会被后来发展出来的语言所取代，但是这种随着社会经验的积累而不断得到丰富和发展的关系型知识仍然作为社会参与和理解的基础而存在。

综上所述，直接感知理论在运用现象学的术语对社会交互过程中主体的体验进行描述，以及运用动力系统的概念对主体身体间的协调过程进行说明的基础上，对我们与他者的感知过程进行了刻画。

按照这种观点，社会性的理解不是个体理论推理或模拟程序的结果，而是从我们与他人的实时交互过程中涌现出来的。这种实时的交互过程，包括两个身体间的情绪感染、情感共鸣以及身体姿势、面部表情和语音语调等方面的耦合。

例如，当主体 A 生气的时候，就不自觉地以具身的方式体现出来：涨红的面庞、尖厉的声音或僵硬的身体姿势等。而处于同一情境中的主体 B 通过 A 的身体表现，察觉到了 A 的愤怒，并产生了相应的回应性情绪（紧张、害怕或震惊等）。也就是说，B 通过自己的身体感知直接感知到了 A 的情绪，并进一步对 A 的情绪施加了影响。

这种身体间循环往复的表达和回应改变了（尽管可能以一种极其微妙的方式）双方主体的身体状态；并且这个紧密交织着的、涉及主体知觉运动和情感体验的系统具有高度的自治性，以至于既无法被还原到单个的身体，也无法被单个主体完全掌控。在这种意义上，身体间的动态耦合过程将主体 A 的身体延展到了主体 B，反之亦然。

作为行动者，儿童早期的社会交往的经验和模式能够在儿童的身体记忆中沉淀并构成某种关系型知识。这种关于我们如何与他人交往的实用性知识使儿童与他人的交往成为可能。随着年龄的增长，通过情境更为复杂的社会性实践，儿童慢慢开始学会理解他人更为长远、更为复杂的意图。

个体的模拟机制或者心智化的社会理解方式正是从这种基本的交互主体间性中派生出来的。也就是说，在复杂情形中，我们还能够从交互状态中脱离出来，从第三人称的或观察者的视角对他人的意图进行推论或模拟。但是，这些复杂情形并不构成社会认知的核心，社会理解的基础仍然在于我们与他人通过身体间的协调而共同生成的意义建构过程。

正是通过这样精细而复杂的交互，我们形成了对他人情绪和行动意图的理解，并对他人接下来的行动进行预期，从而构成了我们与他人（甚至多个个体）进行联合行动的能力，产生超越个体的群体智慧的基础。

一起思考

1. 我们通过哪些途径感知他人的情绪和行动意图?

2. 我们对他人的理解是否必然存在着一个解释和推理的过程呢?

3. 人类与动物之间的联合行动与群体智慧的区别有哪些?

推荐阅读

1. 尤瓦尔·赫拉利:《人类简史:从动物到上帝》,林俊宏译,北京:中信出版社,2014年。

2. 约翰·塞尔:《人类文明的结构:社会世界的构造》,文学平、盈俐译,北京:中国人民大学出版社,2015年。

从教育公平开始思考社会正义

惠春寿/文

教育公平是近年来最为大众关注的公共议题之一，也是哲学，特别是政治哲学，能够发挥重要影响的领域。虽然哲学通常并不关注某个特定的社会现象是否公平，但是通过追问社会现象背后的规则本身是否公平，哲学能够更好地澄清人们在日常生活中的许多直觉和判断，探索大众对于教育公平的共同理解和诉求。一方面，基于对机会平等的不同概念的区分，哲学研究有助于激发人们思考教育公平所要求的究竟是一种什么样的平等；另一方面，通过把教育公平纳入整个社会的正义问题中进行思考，哲学研究也有助于突破学科的界限，帮助人们从一个更广阔的视野来思考教育公平的问题。事实上，作为社会生活的一个特殊领域，教育公平的实现最终离不开整个社会的正义，而社会正义的问题又涉及人们对人性和社会生活的理解与反思，表面上看起来抽象、深奥的哲学思考因此最终是可以服务于现实生活中许多重要实践问题的解决的。

一、公平：规则之下的与规则本身的

考试是现代教育制度最重要的环节之一。从小学到大学，人们已经习惯了通过考试成绩来判断学生的智识水平，甚至在参加工作，步入社会以后，许多行业资格考试也同样在人们的职业生活中扮演着重要角色——律师要通过法律职业资格考试，会计师要通过注册会计师职业资格考试，绝大多数公务员都是通过国家或地方政府组织的公务员考试走上工作岗位的……不仅如此，尽管考试的形式是多种多样的，但在现实生活中，以封闭式试题为主要内容的书面笔试牢牢占据了主导性地位。从中考、高考到研究生入学考试，当代社会这几场涉及面最广、淘汰率最高的考试无一不是以封闭式试题为主要内容，以书面笔试为主要形式的。封闭式试题和书面笔试之所以广受推崇，既有历史文化的原因，也与这些考试本身在社会生活中扮演的角色有关。就前者而言，我国历史悠久的科举考试制度极大地塑造了中国人对考试形式的认知和理解；就后者而言，不同于许多职业资格考试，中考、高考等除了要测试考生个人在某方面的素质和技能外，更是一种竞争性的选拔考试，因此特别需要满足公平性的要求，而封闭式试题和书面笔试恰恰在这方面具有非常突出的优势。首先，同等情况下，相比于开放式试题，封闭式试题更方便考生就相同的知识、技能提前进行学习和训练，可以显著减少因为考生学习内容的不同而产生的不公平现象。其次，相对来说，封闭式试题更侧重于考察考生对于特定知识的掌握水平，其答案往往具有较高的客观性和确定性，更能减少评价过程中的各种主观因素，确保最终的考试成绩是尽可能没有争议的。与此类似，书面笔试的形式也同样有利于消除评价过程中的许多主观因素，比如，它能够在时间、空间上把考试过程和评价过程分离为两个相互隔绝的程序，既杜绝考生和考官串通作弊的情形，又方便在出现争议时进行审查和复核。不仅如此，通过书面笔试的形式，组考部门还能够以较低的成本在较大范围内组织全体考生在同一时间进行考试，而这对于确保考试的公平性来说也是非常重要的。所以，总体来说，尽管考试的形式总是多种多样的，但以封闭式试题为主要内容的书面笔试却因为其在满足公平性要求方面的优势而独占鳌头，成为最主流的考试形式。

不过，也正是由于中考、高考等选拔性考试除了要能真实反映考生的智识水平，还必须做到公平公正，因此关于教育公平的许多讨论都是首先围绕考试过程的公平与否展开的。比如，近年来陆续被揭露、曝光的一些高考舞弊现象引发了公共舆论的关注，而公共舆论在反对舞弊现象的同时也开始在一些更加具体、深入的问题上出现了观点分化。以某歌手当年伪造高中应届生身份参加高考为例，尽管这种行为非常明显地违反了高考规则，但有些人却认为，鉴于该歌手并没有真正从应届生身份中获得好处（他最终没有被解放军艺术学院录取，而录取他的学校并不限定考生的应届生身份），他不应该遭受十分严苛的法规处罚和破坏教育公平的道德指责。还有另外一种声音则质疑解放军艺术学院只招收应届高中毕业生的要求，认为这个要求本身是独断的，该歌手伪造应届生身份实属迫不得已，本身无可指责，需要被纠正的是不合理的制度本身。这两种观点的逻辑虽然大相径庭，但却源于同样一种混淆——它们没有区分规则之下的公平与规则本身的公平。

简单来说，当我们在讨论某个社会现象是否公平时，我们经常意指截然不同的东西。有时候，我们说的是这个现象是否符合某个特定的社会规范，而这个社会规范本身被认为是公平的；而在另外一些时候，我们说的却是这个现象所反映出来的那个社会规范本身是不是公平的。假如我们是在前一种意义上来讨论公平，那么我们其实已经假定了某种公平的社会规范，我们讨论的只是关于这个规范在具体情形下的应用问题。换句话说，我们其实是在解释和澄清这个规范，就像孔乙己在争辩“窃书不是偷”一样——孔乙己并不是说偷盗是正确的，他只是在说读书人窃书不算是偷盗。假如我们是在后一种意义上来讨论公平，那么我们其实不是在讨论这个具体的社会现象是否符合特定的社会规范，而是在讨论现象背后的那个规范本身是不是公平。换句话说，我们其实是在探究规范本身的理由和基础，就像阿 Q 在追问“和尚动得，我动不得?”一样——阿 Q 并不否认自己在欺辱小尼姑，他的言下之意其实是假如和尚欺辱小尼姑不算是过错，那么他欺辱小尼姑同样无可指责。为了更清楚地区分这两种不同的讨论，我们可以把前者称作关于规则之下的公平的讨论，相应地，把后者称作关于规则本身的公平的讨论。给定这种区分后，不难发现，上述两种为伪造应届生身份的歌手申辩的观点都混淆了关于规则之下的公平的讨论和关于规则本身的公平的讨论。

对于第一种观点，它认为既然该歌手没有从自己伪造应届生的身份中获益，那么他的行为就没有违反教育公平。这种观点没有认识到，高考制度一旦确立之后，其包含的规则就已经构成了对教育公平的权威解释，事实上已经替代了我们在日常生活中所理解的那种抽象、含混的教育公平，成为相关部门判断某个特定行为公平与否的直接依据，因此，即便考试规则的内容本身是可以不断被商榷和质疑的，但只要这种规则没有被推翻或放弃，不符合该规则的行为就是不公平的。对于第二种观点，它认为要求应届生身份的规则本身是不合理的，因此违反该规则的行为谈不上违反教育公平。这种观点试图通过否定规则本身的公平来为违反规则的行为辩护，但却没有认识到，关于规则本身公平与否的讨论是一回事，关于规则之下的某个具体行为公平与否的讨论是另外一回事。我们完全可以承认，要求应届生身份的规则本身或许的确是不合理的，但这种主张最多只能表明该规则应该被修改甚至废弃，不能直接豁免违反该规则的行为。规则本身的修改和废弃往往是需要通过另外一套程序来完成的，在没有经过这样的程序之前，该规则依然是有约束力的，违反该规则的行为依然应该被处罚。

关于伪造应届生身份是否破坏教育公平的讨论只是公共舆论中的一朵小小的浪花，但通过这样一场讨论，我们不难看出哲学研究是如何回馈现实生活的。一方面，哲学家致力于澄清日常生活中许多大而化之、似是而非的说法，这样的澄清有助于我们更好地理解彼此观点的真正分歧之处，进而更好地表达和捍卫自己的观点。另一方面，哲学家虽然很少直接参与公共议题的讨论，但他们关心的却经常是规则背后的那些价值、理由和观点，哲学研究因此更多地是通过影响规则本身的确立、维持、调整等来间接影响人们的现实生活的。就像 20 世纪著名的经济学家凯恩斯所说，“统治世界的其实不过是哲学思想，许多实干家自以为是循着自己的想法来改造世界的，但他们归根到底只是某些已故思想家的不自觉的奴隶”①。接下来，我们就以高考制度作为线索，考察一下哲学家们是如何探讨教育公平背后的那些理由与价值的。

二、平等：形式的与实质的

与很多职业资格考试不同，高考是一种选拔性的考试，它的主要目标不仅是要真实地反映考生在某方面的知识掌握情况和学习能力，更是为大学等高等院校输送合格的人才。教育公平因此对于高考来说就有了另外一层含义：高考除了要对考生个人保持公平之外，还需要对不同的考生保持公平（人际间的公平）。前者不难理解，对考生个人的公平意味着高考要尽可能真实、准确地反映考生个人的智识水平，因此考试的内容不能偏离课程讲授的范围，不能搞突然袭击等。后者却有些费解，确保每个考生都得到自己应有的分数不就是对他们保持公平吗？难道要让所有考生获得相同的分数才算是对他们保持公平？的确，至少在有些情形中，公平的确意味着结果上的平等。比如，马克思认为，随着生产力的不断发展，人类最终会进入共产主义社会，而共产主义社会的主要特征是“各尽所能，按需分配”。也就是说，不论人们具有什么样的需求，在共产主义社会中，他们都可以在同等程度上满足自己的需求，共产主义社会因此是通过确保结果平等来公平地对待所有人的。但共产主义的这种理想显然并不适用于当前社会中的高考制度，事实上，高考制度存在的主要目的就是通过鉴别、区分不同考生的智识水平来为高等院校选拔人才，它不可能在结果上保持

---

① 约翰·凯恩斯：《就业、利息和货币通论》，徐毓枬译，北京：商务印书馆，1983年，第330页。

平等。不过，否定结果平等也并不意味着通过对每个考生个人保持公平就可以做到对不同考生保持公平。恰恰相反，仅仅确保每个考生都拿到真实反映自己智识水平的分数还不足以说高考制度已经在不同的考生之间保持公平，因为高考本身还是一种存在准入门槛的考试制度，而假如它独断地把某些考生排除在考察范围之外，那么就谈不上对所有考生保持了公平。以科举考试制度为例，尽管科举考试同样也致力于准确、真实地评价考生的智识水平，但在很长一段时间内，娼（妓女）、优（戏子）、隶（衙役）、卒（狱卒）等群体之后是不允许参加科举考试的。科举考试在这个意义上显然没有在所有考生之间保持公平——它事先就剥夺了一部分人参与考试的资格，无论他们的智识水平如何高深。

我们把这种用起点平等而非终点平等来确定公平与否的主张称作是机会平等的主张。机会平等意味着，虽然我们每个人最终得到的结果可能是不同的，但只要在参与某种活动时大家拥有的机会是相同的，那么这项活动就依然是公平的。比如说，虽然我在泳池里根本游不过孙杨，但奥运比赛对我和孙杨来说依然是公平的——我参加奥运比赛的机会和孙杨是一样多的，区别只是在于我的游泳水平根本不足以支持我通过层层选拔入围奥运比赛。类似地，高考制度也赋予了我和其他所有具有高中学力的人相同的考试权利，尽管最后我们拿到了不同的分数，被不同层次的学校所录取，但在通过高考进入高等院校的机会方面我们却是完全平等的。

显然，与结果平等相比，机会平等是一种更加合理，也更加基本的要求。它的合理之处表现为，很多时候结果平等其实并不真正符合我们对公平的诉求——同等情况下，勤奋刻苦的学生当然应该比偷懒耍滑的学生取得更高的考试成绩。它的基本之处则在于，没有机会平等，很多人将直接丧失参与社会活动的资格，根本无法施展自己的才华和能力，更不用说获得自己应得的结果。机会平等因此是一种在社会生活的许多领域中都被广为接受的价值和主张，成为判断社会公平与否的最主要的标准之一。比如，按照国家相关法律的要求，许多行业都有相应的准入门槛，但这些门槛的设定本身必须是合理的，否则，因为这些门槛的存在而被排除在该行业之外的公司、企业或个人就有理由申诉他们没有获得相同的从事市场经营活动的机会，没有得到法律规则的公平对待。然而，虽然机会平等是实现社会公平的一种非常重要的手段，它本身却依然存在一些含混之处，这一点在教育公平的问题上同样有所体现。

表面看来，机会平等要求的并不多，为了实现机会平等，我们并不需要额外多做什么，只要确保所有符合条件的考生都有平等参加考试的机会就可以了。但其实不然，要想真正实现机会平等，除了要允许所有符合条件的考生都有进入考场进行考试的权利外，还必须为他们行使这种权利创造必要的条件。比如，这些条件至少应该包括为考生到达考场提供基本的便利交通条件。机会平等因此除了消极地要求相关部门不做什么外，也要求了他们积极地履行某些义务。当然，这一点并非没有争议，有些人或许会说，严格意义上的机会平等不可能要求我们为考生提供这样的交通保障，因为设法为自己创造条件进入考场和设法依靠自己的能力取得高分一样，都属于考生个人能力的范畴，是他们应该为自己负责而不是要求社会满足的。这种观点其实很容易反驳，因为在高考制度中，机会平等是作为教育公平的手段之一被承认和推崇的，所以我们只需要考察一下为考生提供基本的交通保障是否为教育公平所要求，就可以回应这种观点了。显然，在现实生活中，由于地区经济发展的不平衡，许多身处边远地区的考生的确在很多时候是很难依靠一己之力按时、顺利进入考场的，而假如他们因此丧失参加考试的机会，自然是不公平的。教育公平在这个意义上必须包含一些积极的义务，它们和允许考生进入考场参加考试一样都属于机会平等的范围。不过，一旦我们承认机会平等也要求履行某些积极的义务，就会引发另外一个更重要的问题：难道教育公平只要求我们确保所有考生都有条件参加考试，都可以得到真实反映自己智识水平的评价结果？答案显然是否定的，高考制度表面上看来考察的只是学生当下的智识水平，但这些智识水平却是在之前漫长的学习生涯中逐步积累和获得的，而在这漫长的学习生涯中，除了考生个人的努力外，家庭、学校等各种外在因素也发挥了非常重要的作用。甚至考生个人的学习技能和思维习惯也不是完全依靠一己之力形成的，它们同样也是家庭氛围和学校教育塑造的结果。因此教育公平要求的并不仅仅是平等地参加考试的机会，事实上，用当代政治哲学家罗尔斯的话来说，它要求的应该是“有类似能力或才干的人也应该有类似的受教育机会”，或者说，“每个具有类似动机和天赋的人都应该有大致平等的教育前景，这不应该受到他们社会出身的影响”[①]。

如果我们是这样来理解教育公平的，那么机会平等其实就不再只是一种形式上的约束，而是一种实质性的要求，这

① John Rawls, *A Theory of Justice*, Cambridge, Mass.: Harvard University Press, 1971, p. 73.

种实质性要求主张要尽可能地使真正有天赋和才华的人得到更好的教育，要在评价过程中把家庭背景、学校环境等外在因素对人们的影响尽可能降低到最小。现实生活中许多正在推行的教育改革和教育政策，比如少数民族专项计划、贫困地区专项计划等，就是建立在这样一种实质性的机会平等观之上的。给取得相同成绩的考生以同等对待在形式上的确是平等的，但实质性的机会平等却会要求我们向处于更不利境遇中的考生倾斜，因为他们在较差的家庭背景和学校教育的影响下取得了同样的成绩，这反过来证明了个人天赋和能力的优越。

三、正义：亚里士多德与罗尔斯

我们区分了形式的机会平等和实质的机会平等，并基于实质的机会平等解释了某些现行的教育制度是如何满足教育公平的理想的。在两千多年前的雅典城邦，一位百科全书式的伟大哲学家亚里士多德也曾经做过类似的区分。按照亚里士多德的想法，平等既可以被理解为算术式的，也可以被理解为几何式的。算术式的平等意味着要使不同的人得到相同份额的东西，几何式的平等则意味着要使不同的人依据其不同的价值得到不同的东西——他们只是在几何比例上保持了平等。不难发现，形式的机会平等就是亚里士多德所说的算术式平等，它要求的恰恰是所有人有相同的机会；而实质的机会平等则对应于亚里士多德的几何式平等，它主张具有不同天赋和能力的人应该获得不同的东西。不仅如此，亚里士多德也同样更推崇几何式平等，在他看来，真正的公平在于确保“两个人和两份事物之间的几何比例的平等”。[1] 不同之处只是在于，亚里士多德思考的是如何分配整个社会所有财富、资源等的问题，而我们迄今为止所讨论的只是教育领域中——更准确地说是在高考制度这一教育领域的特殊环节中——的公平问题。

如果亚里士多德是正确的话，那么关于教育公平的讨论自然也可以用来解决整个社会的公平正义问题。也就是说，除了在考虑如何分配学生的分数和决定他们进入何种层次的学校时，我们应该既遵循形式的机会平等，赋予所有符合条件的考生相同的参考机会，也遵循实质的机会平等，让那些更有天赋和能力的人获得更好的成功前景；在决定如何分配财富、资源、权力等更重要的社会性物品时，我们同样应该遵循这两种不同的机会平等原则。表面看来，这的确是一个非常有吸引力的社会理想，它一方面主张为人们参与各种社会活动提供同样多的机会，允许人们自由地参与其中，另一方面则努力消除那些外在因素的干扰，让真正有天赋有才华的人能够凭借自己的智慧和汗水收获更多的社会好处。其实不然，教育领域只是广阔的社会生活中的一个非常特殊的领域，把适用于这个特殊领域的原则直接应用到整个社会生活中显然是不合适的。具体来说，首先，教育以培养具有更高智识水平的人才、推动人类知识增长为目标，因此可以逐步淘汰那些缺乏天赋和能力的考生，但人类社会从整体来说是一个彼此依赖的合作体系，每一个人，不论其能力大小，都是这个合作体系中的成员，不应该被排除在这个体系之外。其次，在教育领域中，我们把考生的智识水平作为评价标准，给那些较高智识水平的人以更高评

① 亚里士多德：《政治学》，吴寿彭译，北京：商务印书馆，1965 年，第 238—239 页。

价，是因为这样做符合通过教育选拔人才、推动知识进步的目标，但社会存在的目标显然并不只是推动知识的增长，因此让那些更有天赋和才华的人获得更多的社会资源、财富等，本身其实是需要额外的解释和论证的。换句话说，在从讨论教育公平的问题转换到讨论社会整体的正义时，我们需要追问，资源、财富、荣誉等好处究竟应该依据什么样的原则来进行分配？事实上，从社会正义的角度来看，机会平等和教育公平的关系本身也值得更进一步的推敲，因为教育，特别是高等教育，除了是一种选拔和培养人才的机制外，还是实现阶层流动的主要渠道之一。据统计，接受过高等教育的人在平均收入和社会地位方面都远远超过了那些只接受过基础教育的人，高等教育具有更高的教育回报率。[①] 所以，如果教育公平只是意味着参与教育活动的平等机会和让更有天赋和能力的人获得更好的教育，那么教育领域之内的公平反而会在社会领域中产生不公平的后果。正是出于这样的担忧，中国共产党在十八大报告中特别提出要“大力促进教育公平……让每个孩子都能成为有用之才”。显然，在这里，教育公平又有了新的内涵，它要求我们除了要关心那些具有较高天赋和能力的学生外，还必须关注其他那些不具有较高天赋和能力的学生，努力使他们也能在教育中得到成长和收获。

当代著名哲学家约翰·罗尔斯为我们反对亚里士多德那种只关注精英人物成就的做法提供了最根本的理由。罗尔斯承认，相对于形式的机会平等，实质的机会平等的确是一个更加合理和值得追求的理想，因为它致力于清除家庭背景、社会地

---

① 李祥云：《中国高等教育对于收入分配不平等程度的影响：基于省级面板数据的实证分析》，《高等教育研究》，2014 年第 6 期，第 52—58 页。

位等外在因素的影响，让每一个人都可以凭借自己的天赋和能力获得自己应有的社会资源和财富。但他进一步指出，我们在推崇实质的机会平等时其实已经假定了这样一个前提：如果某个东西是以道德上任意的方式落到你头上的，那么你在道德上其实就不应该获得这个东西。现在，在这一前提下，罗尔斯追问说，难道我们的很多天赋和能力不也是以道德上任意的方式归属于我们的吗？我们经常称赞爱因斯坦的物理天赋、肖邦的音乐才华等，但这些天赋和能力不也是和家庭出身一样以非常偶然的方式归属于他们的吗？不仅如此，罗尔斯还注意到，当亚里士多德说正义就是依据每个人的德性、才能等内在价值按照几何比例进行分配时，他其实已经假定了什么样的东西才算是真正有价值的，而我们对人类德性、才能的看法和判断经常是伴随着社会化的过程耳濡目染地形成的，它们本身就受到了现实社会各种偶然因素的影响。比如，经营、理财的能力在现代社会往往被认为是非常重要和值得推崇的才能，但在古代社会这种能力却没有得到关注和承认，亚里士多德甚至认为只有奴隶才应该去从事生产经营活动。据此，罗尔斯提出了自己对于正义的理解，他认为，在分配整个社会的资源时，我们应该遵循所谓的差别原则，要求"社会和经济的不平等必须符合最不利群体的最大利益"①。换句话说，除非不平等的收入财富分配能够使社会最不利群体过得更好，否则正义就会要求我们平均地分配这些财富。

与亚里士多德相比，罗尔斯对社会正义的设想无疑更加具有平等主义和人道主义的精神，它反对一味地鼓励人们追求自

① John Rawls, *A Theory of Justice*, Cambridge, Mass.: Harvard University Press, 1971, pp. 75 - 83.

己个人的卓越，赋予那些处于不利境地中的人们更大的力量，要求社会经济的不平等只有在服务于不利群体时才是被允许的。这种理论一经提出就引发了大量持久深入的讨论，为许多社会福利政策的提出提供了依据。不过，从哲学的角度来讲，更重要的其实是罗尔斯反对亚里士多德的那些理由，它们在最根本的层面改变了我们对社会和人类生活的理解，引发了政治哲学内部的巨大变革。比如，从罗尔斯的角度来看，天赋、才华等虽然看上去是排他性地属于每一个个体的（维特根斯坦的哲学天赋在任何意义上都不可能转化为我的天赋），但从道德的角度来看，它们和我们出生在什么样的家庭、长成了什么样的相貌等一样，都是偶然的和任意的，因此，正义要求我们把天赋、才华等看作是所有社会成员共同所有的公共财富，要求人们通过这些天赋、才华所获得的资源、财富只有在服务于最不利群体的利益时才是可以被接受的。罗尔斯的这种观点经常会让人们想起小说《简·爱》中女主人公的这样一番告白："当我们的灵魂穿越坟墓，来到上帝的脚下，我们是平等的。"① 尽管罗尔斯并不认同这种诉诸上帝的解释，但他通过哲学论证表达了类似的观点：在参与社会生活时，我们每一个人都是平等的合作者，我们的天赋、才华，以及我们在社会合作中扮演什么角色、贡献多少东西，都是通过社会合作的条款确定的，而正义则是用来确定合作条款究竟是什么，所以拥有更多天赋和才华的人并不天然地比其他人更应该得到更多的东西，相反，他们的天赋和才华只有在使处于不利境地中的人过得更好时才能给他们带来更多的收益。

① 夏洛蒂·勃朗特：《简·爱》，祝庆英译，上海：上海译文出版社，1980年，第330页。

四、罗尔斯之后的正义

罗尔斯的正义理论堪称政治哲学史上的哥白尼革命，构想了一种与亚里士多德完全不同的社会图景和人性学说，在现实生活中也产生了巨大的影响。但这种理论也面临着许多的批评和质疑。比如，有一位哲学家曾经这样批评罗尔斯：他说，假如我们真的承认天赋和才华都是一种公共资产，那么某个学生或许会收到这样一封录取通知书：

亲爱的申请者：

我们高兴地通知您，您的入学申请已经被接受。虽然您没有做什么，但您正巧有社会此时此刻需要的那种特质，所以我们录取您学医或学法律，利用您的资质为社会利益服务。这个决定无意表扬您，也并不暗示着一种表扬，因为您所拥有的相关品质从道德上看是任意的，之所以应该庆祝您，不是因为您具有使您入学的品质而理应得到这份荣誉，而仅仅是因为一个碰巧的胜利者应该得到庆祝。[①]

类似地，也有人反讽说，由于个人的天赋被认为是一种公共资产，那么那些辛苦工作、努力发掘自己天赋的人其实是在贪污和挥霍全社会的公共资产，反倒是那些安于现状、不去发挥自

① 迈克尔·桑德尔：《自由主义与正义的局限》，万俊人等译，南京：译林出版社，2001年，第163页。

己的天赋才华的人才是道德上更值得被嘉许的。[①]

不仅如此，还有许多哲学家致力于提出既不同于亚里士多德也不同于罗尔斯的正义原则。比如，他们中的一些人支持一种充足主义的主张，认为社会正义的主要目标应该是为人们提供足够多的生活保障，除此之外，不需要再去调节他们之间不平等的收入、财富等；另一些人则提出，社会正义的核心其实不是分配各种各样的外在资源，相反，我们应该关注如何培养、确保人们能够真切地拥有和行使一系列的基本能力，因为这些能力对他们的幸福来说才是最关键的；还有人甚至反对国家去主动分配社会资源和财富，在他们看来，自由放任的市场经济本身就是正义的，国家只需要保障人们平等的自由就够了，除此之外的对自由市场的干涉只会打乱正义的进程。这些形形色色的理论主张在丰富和深化我们对社会正义的理解的同时，对现实生活也产生了许多积极的影响。比如，在罗尔斯之后，哲学家们除了继续讨论分配整个社会的财富的正义原则外，也开始尝试应用这些原则来考察气候正义、如何对历史上发生的不正义行为进行补偿、如何调节不同国家之间的财富等更加具体的实践问题。哲学家们因此虽然总是在比较宏观和抽象的层面来思考社会正义的问题，但他们的研究却为解决许多更加具体的现实问题提供了资源和依据。

总的来说，作为一门理论性的基础学科，哲学研究的通常不是某个特定的社会现象是否合理的问题，而是这个现象背后的规则本身是不是合理的问题。比如在教育公平的现象

① 威尔·金里卡：《当代政治哲学》，刘莘译，上海：上海三联书店，2004年，第136—141页。

中，我们就可以看到，哲学家们关心的不是伪造应届生身份的行为是否符合公平性要求，而是禁止伪造应届生身份的规则本身是不是公平的。通过追问规则本身的公平，哲学家们还试图区分不同的平等主张，确定教育公平究竟要求的是什么样的平等，以及为什么会要求这样的平等。不仅如此，与教育学等分门别类的社会科学研究不同，哲学并不拘泥于任何一个特殊的具体领域，相反，它关注的是整个社会的正义问题；而从社会正义的角度出发，我们不仅可以对教育公平等更加具体的问题有更好的理解，还可以融会贯通地去尝试解决气候正义、全球正义、代际正义等其他许多社会问题。表面上看上去非常超然的、充满了理论思辨的哲学研究就是这样不断地影响现实社会的历史进程，推动社会的发展与演变的。

一起思考

1. 罗尔斯认为个人的天赋和才华是道德上独断的因素，因此个人没有资格从自己较高的天赋和才华中获得比他人更多的财富和资源，你是否认同他的这种观点？如果不认同，请尝试找出一些理由来反驳罗尔斯的主张。

2. 小说《简·爱》使用了一种宗教的话语来解释尽管每个人的外表、财富、地位、能力等都不一样，但他们在精神上却是完全平等的，这种平等通常被人们称作人格平等。请思考：什么是人格？人格与每一个具体的人是什么关系？

3. 在讨论分配正义的问题时，我们经常会提到效率优先还是公平优先，罗尔斯的差别原则似乎能够兼顾公平和效率，因为它既愿意让有天赋和才华的人得到更多的好处，激励他们努力工作，又对由此产生的不平等施加了有利于社会最不利群体的约束。请尝试从公平和效率的角度来分析，罗尔斯的差别原则是不是真的可以平衡我们对公平和效率的诉求？

推荐阅读

1. 迈克尔·桑德尔：《公正：该如何做是好?》，朱慧玲译，北京：中信出版社，2011年。

2. 戴维·米勒：《政治哲学与幸福根基》，李里峰译，南京：译林出版社，2013年。

3. 史蒂文·卢克斯：《启蒙教授漫游记》，谢静雯等译，上海：上海人民出版社，2005年。

科学

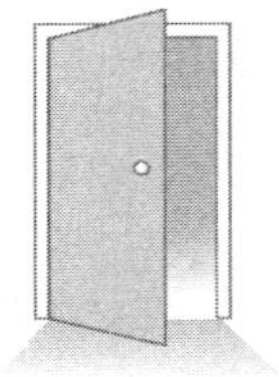

何谓用事实说话？

张留华/文

类似下面的对话，或许你在电影《十二怒汉》中见过，也可能亲身经历过。

A：这个人一定会被判死刑。

B：你为何这么坚信？

A：因为有事实啊。

B：什么样的事实？

A：他把人杀了。

B：你怎么知道这是事实？

A：电视新闻上有播报，一位目击证人在法庭上宣誓说："我亲眼看见他杀人了。"

B：也就是说，你是通过电视新闻知道的，而电视台又是通过目击证人知道的？

A：当然！我又不是记者，也不在案发现场。

B：那么，目击证人又是如何知道这位被告杀人了呢？

A：证人在法庭上陈述："一个月前的某个傍晚，我在不远处看到两个人在街头打斗。然后，其中一人突然跑掉了，另一人瘫倒在地。当我走近看时，倒地的人浑身是血，于是我马上呼叫救护车。后来得知，送到医院时此人已经身亡。而当时跑掉的那个人就是被告。”

……

顺着这个路子，或许角色B还有进一步的追问，就像是我们在法庭上看到律师或检察官盘问证人那样。现在，让我们就此打住，做些评论。

很显然，角色B听到了角色A有一个“主张”，并且明白A是在试着“摆事实”来为其“主张”提供理由。但是，“事实”是什么呢？任何一个人，但凡参加过几次说理，都能很快意识到，正如这个世界不缺乏“讲道理的人”一样，我们身边几乎每天都能听到有人声称“事实”。所以，角色B不满足于听到A说“被告事实上杀人了”。A说他知道被告杀人了，但B不打算由此相信被告杀人。从说理的角度来看，一个人所做的不应只是**声称**某某情况是事实，而是得让别人像你一样承认那是事实。而为了让别人像你一样承认那是事实，很多时候，你得**让别人知道你是如何知道**那是事实的。①

提醒读者这一点，并不是要否定任何人有发现“事实”或认清“事实”的能力，而是要强调：一个人声称事实并不意味着对话人非接受不可。实际上，我们在说理时真正起作用的并非笼统而言的“事实”。要弄清楚什么样的“事实”可以作为说理之“根据”，我们必须首先意识到“事实”是一个典型的歧义

① 需要注意，“知道”（know）一词看似简单易懂，有些时候却颇为棘手。譬如，一个人知道什么，并不意味着别人知道他知道什么。甚至，一个人知道什么，也不意味着他总是知道他知道什么。

词，并试着对其开展必要的“概念辨析”。

一、“事实”一词多义

“拿事实来说话”，这句话理解起来并不像说起来那么容易！我们虽然常听到“事实”一词，但它所表达的概念，在每个人那里的严肃程度以及清晰程度并不一样。让我们先看看“事实”在我们的日常言语中实际上都有着怎样的基本用法。

1.“实事求是”中的“事实”

“实事求是”这四个字在现代汉语中很流行，其中的“是”通常被解读为“事情的本来样子”，同时也当作我们探究活动的对象或目标。当我们听到有人说“要认清事实”“要面向事实”或“要符合事实”时，其中所谓的“事实”就类似于“实事求是”中的“是”。这里的“事实”泛指外部世界实际存在的状态以及其中实际发生的事情，接近于现代汉语中的“生活实际”或“现实情况”，跟英语中的“the reality”一样，表示世界的本来面目，哲学上称之作“本体世界”“对象世界”或曰“自在之物”。[①] 譬如，当某人以一种不容置疑的口吻说“事实上并没有外星人存在”或“事实上发生过恐龙大灭绝事件”时，其中的“事实”通常就是在强调:“世界的本来面目”如何如何，它“就在那里”（be out there），不论是否有人知晓。

作为世界本来面目的“生活实际”或“经验世界”，是异常

① 哲学上有时把那种代表事物本来样子的“世界”称作“本体世界”或“自在之物”，有时也把所有号称“客观真理”的东西归置于一个既不同于物质世界又不同于精神世界的“第三域”，即“理念世界”或“知识世界”。

丰富、极其复杂的。要探究这里的“事实”，并不容易，尤其是当我们希望系统地把握其中的各个细节时。但我们人类仍要坚持追求，因为这是我们认识活动的基本方式，也是人类在这个世界上得以存续和进步的前提条件。我们族群或个体所拥有的很多知识或习俗，可以看作是探究此类“事实”所取得的成果。然而，务必注意，这种“事实”自身是不会说话的，也无法拿来交流。我们人类无法替代“世界”说话，倒是我们人类试图谈论有关它的各种情况和细节，并彼此交流对于它的认识结果。这里的对照是明显的：“事实”既然是世界本来的样子，就无所谓真假对错，而人类对于该“事实”的认识结果却存在真假之分。二者处在不同的层次：世界“事实”是第一层次的，而人类的“认识”是第二层次的。

2. “事实”之作为“意见”的对立面

当由“世界本身”过渡到“对于世界的认知”时，我们形成了各式各样的判断。但是，对于这些判断，我们并非等同视之，有时将其区分为“意见”与“事实”。根据这种区分，意见

电影《十二怒汉》：“Prejudice always obscures the truth.”

（opinion）只是我们对于所发生“事情/事件”的观察心得，代表着特定个体或某一群体“主观的”看法和解读。而与之相对的那种免除个人主观色彩的客观（objective）判断，被称作“事实”，它代表着“真理/真相”（the truth），至少是“真命题”或“正确的看法”。很显然，就某一观察对象而言，作为“真相”的“事实”只有一个，而相关“意见”可能五花八门。也正是在这种意义上，我们说：“一千个读者就有一千个哈姆雷特，可莎士比亚只写了一个哈姆雷特。”前面所谓的“哈姆雷特”属于“意见”，而后者的则属于“事实”。

然而，根据上述“意见”与“事实”的二分法，我们并不是在所有的场合下都能分得清（毋宁说是在大多数场合都分不清）哪是“主观的”意见，哪是“客观的”事实。不只是在传统社会里，即便在资讯业如此发达的当今时代，要找到那种作为真相的“事实”往往也很难。正如《纽约时报》在 2017 年“奥斯卡”颁奖礼上投放的一则创意广告所提到的那样，尽管可以说“事实（the truth）在今天比以往任何时候都重要”，但是，“事实（the truth）很难发现，事实（the truth）很难得知”。之所以如此，是因为太多人喜欢把主观“意见”声称为客观“事实”。让我们来看以下两人的对白：

A：就事实而言，是你不对。你欺骗了她，然后又抛弃了她。

B：我没有欺骗她，是真的爱她。我也没有抛弃她，是我觉得自己配不上她。

角色 A 声称是在讲客观“事实”，即 B 欺骗了“她”，但 B 的话让我们看到，A 所说的其实不过是讲给 B 听的一句坦率的“意见”而已。还有些喜欢“看图说话”或“看表情说话”的人，他们往往断定某一张图或某一个表情代表着如何如何的“事实”（譬如，“他事实上伤心极了”），但直到有人给出不同的“事实”或看到更多实情细节（譬如，他当时是在故作某个夸张的表情）时，他们才意识到自己所表达的只是个人“意见”。

类似地，你很可能听人说过“事实上，他是个骗子”，或者，“你这一说法其实是错误的”。这些话尽管似乎在声称什么客观“事实”，但顶多也只是表明说话人在诚实地表达自己的“意见”。[①] 当某人一本正经地表示“人们总说时间会改变一切，而事实上一切都需要你自己去努力改变”时，他提到的“事实上”，往往也只是想让你注意：他在大声说那句话！

3. 一种可以发挥说理功能的“事实”概念

毫无疑问，“事实”一词常用来指称某种值得我们尊崇或能让我们感到荣耀的东西。我们已经看到，它的一种用法是指“本体世界”，另一种是指“客观真理”。但这两样东西，在说理中都无法拿来作为“理由”。前一种“事实”只是作为我们的认识对象，其本身并非什么认识成果，也根本无所谓是非对错。后一种“事实”虽然在某种意义上代表着我们努力的方向，但它们经常可望不可即，即便在最好的情况下，我们也不清楚到底只是接近还是已经达到了“客观真理”，由此将使得所谓“从事实出发”不具有任何可操作性。我们说理中所援引的“事实”，往往既不声称看到了“世界的本来面目”，也不声称达到了某种“客观判断”。

一种可以发挥说理功能的“事实”概念，通常是指：对于

---

① 不必避讳，笔者在本书中用到“事实上”或“实际上”等措辞时，有时也是在强调我自己接下来所要讲的是与前述不同的意见，但通常情况下我随后会交代理由以表明那可以成为更多人（包括读者）的意见。

客观世界中具体事情/事态/事件的、一种被认可的主观判断。此即我们说理中所谓的“用事实说话”之“事实”，它具有三个要件：第一，它得是人所提出的一种表达“意见”的主观判断。就是说，它明确属于人的认识成果，而非某种臆想的“本然世界”。要知道，事件是“死”的，只有我们人的判断才赋予其意义。第二，它得是在一定范围（尤其是对话各方）内受到较为普遍认可的，但并不保证绝对不可错。也就是说，它不声称是既定的“真命题”，但也并非普通的主观意见，而是代表着某种范围内的“共同意见”“众人之见”或曰“主体间共识”。回到本讲开头的热身案例，“他杀人了”这句话到底是不是事实，不是看是否某个人声称或坚信它是事实，重要的是说话人能否表明它是在一定范围内（尤其是在参与对话的人中间）可以得到共同认可的一种说法。否则的话，倘若急于用“事实”二字断言，那本身就是“制造问题的字眼”。第三，它是对客观世界中特定情况的具体刻画，是“实然判断”而非“应然/价值判断”。就是说，它并非得到某种程度普遍认可的任意判断，而是仅限于反映特定情况的“个别事实”，不包括有时我们所说的“一般事实”（即“道理”）。

对于以上所确定的“事实”概念，我们还需要作三点补充说明：

首先，在某一点上能被称作“事实”的判断，可能会经历某种变化。譬如：古代人曾经认为：“太阳绕着地球转，是事实！”今天的知识人却认为：“地球绕着太阳转，是事实！”早期物理学家认为：“原子是最小的物理单位，是事实！”当代物理学家却认为：“原子并非最小的物理单位，是事实！”因此，在有些时候，脱离社会、环境、时间之后孤立地去看某一种说法，我们的确可能无法确定它到底是不是“事实”。

其次，对于同一件事，完全可以有多重“事实”。在这方面最典型的莫过于对于同一个新闻事件，各家报纸所撰写的新闻报道存有差异，甚至会选用不同的“新闻标题”。我们生活中对于同一项热点活动的看法也常有不同视角或维度。譬如，对于春节期间国内各大互联网公司竞相推出的“集福领大奖”活动，很多时候我们看到的是“今年春节国内群众参与集福领大奖活动”这一事实，但有些时候我们也会看到不一样的“事实”，如“今年春节国内多家互联网公司利用群众的集福热情做了产品推广”。因此，在此种意义上，我们的确可以说有所谓的“另一种事实”（alternative facts），但诸多“事实”之间并非冲突的关系，而是互补的。

最后，在对事件调查的某一阶段，我们对于某些细节可能无法确定，但此种“不确定”往往就是包含在“事实”之中的。譬如，一架客机坠毁，无一人生还。在无法找到“黑匣子”等证据的情况下，我们无法确定客机坠毁的具体原因，这时一种能被更多人接受的“事实”可能只是：“X 航空公司 Y 日发往 Z 地的飞机在 W 地坠毁，坠毁原因正在调查中。”知道我们尚未知道什么，这虽然是比较弱的“事实”版本，但最起码是能被普遍认可的，因而是可以据此展开说理的。

二、“事实”需要识别

我们已经看到，说理中所用的“事实”并不是那么绝对的“真相”，也不意味着今后再也不出错，但仍须满足一些条件，尤其是“在一定范围内得到共同认可”这一要件。何以表明某种判断不只是某个人的主观意见或情感，而是可以在一定范围内得到共同认可的，这直接关系到我们能否把“事实”区别于其他“意见”。这项“识别”工作，在说理过程中非常重要。这倒不是说“事实”一定无法轻易获得，但就我们经常所听到的话而言，很少有什么判断可以直接用在说理中作为“事实”。在某些情况下，要认清事实，是一种费时费力的筛选过程，甚至要反复识别和重新认定。即便有了互联网科技所提供的便捷，也不一定意味着“事实审查”（fact check）的工作量会随之减轻。

1.“事实”是筛选出来的“共识”

作为对客观世界中具体情况的、一种被认可的主观判断，“事实”虽不免主观成分，但并非类同于其他的“意见”。我们在说理时，不单单是把某种说法拿来作为事实。作为说理之“根据”，我们所呈现的事实不能仅仅是你自己知道、感觉或预估它是广为接受的一种说法，你必须允许参与说理的对话者前去查验，自行判断其到底在多大程度上可以作为支持某一主张的“根据”。因此，为了确保你所筛选出的事实可以被更多的不确定受众认可为“根据”，我们需要向不特定的对话人表明：基于当前这些条件，我们至少可以暂且接受某些东西为事实。这里所谓的条件，主要是指“出处”或“消息源”，即事实原本所在的观察场景。这就等于是告诉了别人（不论是现场对话人还是后来加入对话的其他人）你是如何知道它是已被或值得广泛认可的事实，以及如何可以用作“根据”。当然，一种说法有“出处”不是说就没有可疑之处或任何人一定会相信，[①] 但这的

① 譬如，所谓“官方说法”或“官网发布的信息”，很多时候只是意味着某些信息出自正式渠道，有人会为“说假话”负责任。事实上，英文中表示官方的词“official”本来就有“正式”之意。

确是说理及批判性思维首要倡导的负责任和开放的态度。科研论文中的“文献标注法”，可谓是用“原始出处”来识别和呈现“事实”的典范。

基于上述的分析，有读者或许要说：但凡碰到只是声称事实而非表明其如何得到公认的，我们应该直接无视其“陈述”，因为这些人已习惯于把“意见”等同于“事实”。对此，笔者想提醒读者：倘若某人陈述“事实”时带有明显的感情色彩的话，依据前一节提到的标准要件，的确不能把它们认定为“事实”。但是，我们生活中很少发现有“事实”是现成的，也没有某个权威机构或个人总是能为我们指定“事实”。面对一件事，当说话人乃报告该事件的第一人时，如果我们只是简单地否认他的话具有“事实”地位，或许会错过进一步得知“事实”的机会。因此，我们在判定某人所言不是事实之后，往往需要接着提出合理怀疑，询问细节，或参考其他渠道，设法回到事件本身，最终筛选出可以拿来说理的“事实”。

我们这里所谓的“筛选”工作，尤其适用于自称目击者的那些“事实陈述”。这些目击者常说“眼见为实”。在一定意义上，我们可以说，眼睛看到的确实是实际发生的事件。但这并不意味着任何一位见证人经过概念表述之后说出来的话一定就是“事实”。只有真正符合“所见”的才是事实！我们在法庭上也经常看到，虽然证人宣誓自己所讲的全部都是“事实”，但有不少说出来的“话”只是他个人的“主观意见”而已。回到开头的“热身”案例，那位目击证人一开始说“我亲眼看见他……”。但是，让我们假设有一位律师或检察官追问：“当时天色已晚，而且你所在位置与案发现场之间有一定距离。你确定看到的就是他，而不是某个长相和身材都与他相似的人吗？”

或许他最终将不得不改口:“我不能确定看见的是他，但当时看起来的确很像他。”

值得提醒的是，当我们说不能满足于“感官所得”时，并不是说要目击者“透过现象看本质”。我们作为观察者，都害怕被“表面现象”或“错觉”所迷惑，因而渴望直接说出“本质”。但是，你我说出来的“本质”并不一定就是事实。生活中，一位旁观者对你说:“昨晚，我透过窗户，看见他开枪把一个人杀了。”你需要追问:“你到底看见了什么?是不是看见他拿出一把手枪，然后听到响声，一个人应声倒下?这就是你所谓的杀人吗?”倘若他回答“是”，你可以告诉他:“你看见了这一切，但就是没看到他杀人。”也就是，当我们筛选“事实”时，与其说是“透过现象看本质”，倒不如说是“尽量在某一限度内讲话，只陈述那些无明显争议的现象和过程”。对于说理所用的“事实”而言，重要的不是急于得出什么“本质”或“结论”，而是设法为参与对话的人提供一些已经或可以得到普遍认可的、作为彼此共同“前提”的现象描述。

2. 网络信息中的“事实”审查

在当今时代，我们获取“信息”(新闻或资讯)的最主要渠道要算是互联网了。互联网上的信息有一部分是线下实体机构所发布内容的在线版，但更多是互联网上原发的，譬如，脸书(Facebook)、推特(Twitter)、谷歌(Google)、微博、微信、百度以及各类门户网站和网络论坛上的，结果造成许多线下新闻机构反过来报道网民的声音。

如今，线下线上新闻差不多完全融合了。在这个网络几乎覆盖一切的社会里，每天铺天盖地的“新闻”已经不再自然地具有“事实”属性，倒是“新”这一属性凸显。在网络虚拟空间上，由于发布消息或传播消息的人可以匿名或托名，新闻与“谣言”之间的界线模糊了；由于信息传播本身会带来经济利益，资讯与“营销”[①] 之间的界限也模糊了。不要以为有政府设立的网络监管部门或者各大网络公司设立的自查机制已经在大力打击“假新闻”“伪资讯”，作为信息“消费者”的我们就可以解放“智力”了。要知道，它们能做的往往只是初审或政审，更多更困难的“事实”审查工作是留给每一位关心事实的说理之人的。

要对网络信息进行“事实”审查，有时我们只须认真一点即可看出其虚假性。但更多时候，网络信息并不会睁眼说瞎话，它们往往会选择性地呈现事实，有意隐去有关背景，从而达到“误导”或“煽动”舆论的目的。很多新闻报道在“没说假话”或“并非不真实”的意义上，无疑包含了一些“事实陈述”，这便是通常所谓的“新闻真实”。但是，斯泰宾引用英国前首相张伯伦的话提醒我们：“说到底，一家报纸并非主要是对公众进行免费教育的机构。它是一个工厂、一个商业企业、一种职业的组合体。”[②] 为此，我们往往需要结合多个不同渠道的报道，对网络“新闻事件”的背景做些必要的调查。之所以如此做，倒不是说我们得确保“事实”绝对真实。我们对网络信息的事实审查，关键是弄清哪些陈述才是已经或可以被普遍接受的核心“事实”，哪些只是媒体报道者为显示其立场态度而特意引入的不足道“事实”。譬如，在关于一起安全事故的新闻中，报道者可以找一名路人进行采访，也可以请一位专家进行评论，但到底选择哪一位路人或

① 有时候，我们把这些名为资讯实为营销的文章称为“软文”。

② 参看斯泰宾：《有效思维》，吕叔湘等译，北京：商务印书馆，2008年，第62页。

专家，往往并非完全随意的，而是受到报道者立场和态度的影响。从“新闻真实”的角度来讲，这位被采访的路人确实说了如何如何的话，那位被邀请的专家确实作了如此这般的评论，这些都是事实。但是，对于关心安全事故本身的人来说，这些事实往往是无关痛痒的，因为找另一位路人或专家，很可能会说出不一样的观点。对于这类情况，我们就不能囿于新闻报道者的视野和立场，而是要善于综合多个“新闻”渠道的不同声音，设法筛选出我们真正关心的那些“事实”。如果我们所关心的只是安全事故的起因，那么，新闻报道中那位路人或专家的话能在多大程度上得到普遍认可呢？倘若不能，它们尽管事实上出现在新闻报道中，但显然不属于本书中说理可用的“事实”。

还有一种情况是我们对网络新闻做事实审查时应该关注的，即，是不是只有在新闻报道中才有“事实”呢？这涉及我们对“新闻真实”的另一种误解。正如有学者指出的那样：

> 如果新闻报道中的客观和公平意味着呈现所有的事实，而且是只呈现事实（刊登一切适合刊登的新闻），这样的客观和公平只是人们的一种幻觉。人们只能了解全部事实的冰山一角，呈现所有的事实（就算人们能够获得全部的事实真相）是不可能做到的。①

因此，可以说，世界上任意一天发生的事情，进入新闻报道中的或许只占全部“事实”的 0.000 1%。

① 理查德·保罗、琳达·埃尔德：《批判性思维工具》，侯玉波等译，北京：机械工业出版社，2013 年，第 188—189 页。

如果明白了上述道理，相信读者应该懂得，尽管我们当然有必要从“新闻”中已经呈现的“事实”出发（尤其是对于那些我们未能亲历的事件），但并不能简单认为“新闻”中的“事实”就是我们所关注的“事实”，而且，为了弄清楚自己所关注的事实，我们并不必局限于新闻报道中的“文字”。那些“新闻报道”，与其说提供了为我们所需要的“事实”，不如说把我们引入了一个可以让更多人共同关注的话题，即，让我们知道有一件有趣的事情发生了，然而其中很多“事实”有待审定。至于我们所关心的那些“事实”到底是什么样的一种说法，我们看完新闻后，需要自行做更多的搜索、比对和调查工作。

三、统计数据之作为一种事实

提到“用事实说话”，今天很多人经常想到的是“用数据说话”。在数字时代，似乎真正的事实都离不开数据的支撑，否则的话，至少会被认为不属于科学上所讲的“事实”。然而，我们从说理上要问的是：是不是有了数据，就等于有了事实呢？或者说：数据在什么意义上可以算作事实，在什么意义上不再是事实？“精确”和“事实”，是同一种属性吗？

1. 数据不会撒谎，但的确有人拿数据去说谎

数据都是按照特定的统计程式调查和计算出来的，就此而言，它们是精确的、不撒谎的。但是，正如我们在前面两个例子中看到的那样，如果某人计算数据时有意采用一些容易致人误解的计算方式，那么，即便我们仍可以说数据没撒谎，但这个人的确拿数据撒谎了。换言之，一套统计数据可以是精确的、同时却误导人的（accurate but misleading）。英语世界流行的一句话，非常简洁有力：“Figures don't lie，but liars figure！”（数据不撒谎，但的确有撒谎的人拿数据作臆测！）

拿数据说谎的人，在我们社会中一直存在。而“拿数据说话”越是成为一种时尚，拿数据说谎的人就越是可能变多，并且越可能获得成功。从说理上看，他们的诡计在于不愿把代表“事实”的一组完整数据拿出来，而只呈现一部分；他们成功的奥秘则主要是因为他们吃准了某些人出于对“数据”的简单化理解而把“数字精确”当成“思维严密”。有一本书专门谈到了这方面的大量实例，其中文书名是《统计数字会撒谎》，而英文原本书名为 *How to Lie with Statistics*（如何用统计数据来撒谎）。譬如，书中有这样一个典型例子：“在美国与西班牙交战期间，美国海军的死亡率是 9‰，而同时期纽约市居民的死亡率是 16‰。后来海军征兵人员就用这些数据来证明参军更安全。”① 统计数字的简单对比，给人一种印象，好像通过其中两个死亡率数值的比较就可以看出哪里的人更不容易死亡一样；但由于海军人员本身就是精挑细选的青壮年市民，不应将其与包含老弱病残在内的普通市民相提并论。

在《统计数字会撒谎》这本书之外，我们每天的生活中也不难找到类似的例子。譬如，你可能见到一些人有意无意地通过援引平均数（如“人均预期收益 5 000 美元”）向你传达某一“事实”（如“你自己的收益至少应该在 4 000 美元以上”），但他知道而你可能不知道的是，统计数据中所用的平均数大都是“算术平均数”，而我们日常所理解的“平均”往往是指“中位数”或“众数”。在此情况下，尽管他可以说人均预期收益

① 达莱尔·哈夫：《统计数字会撒谎》，廖颖林译，北京：中国城市出版社，2009 年，第 89 页。

5 000美元，但某些人（包括你自己）甚至多数人的收益可能还不到 500 美元。再如，一位推销员可能援引最简单的“数据”：这个产品全国 5 000 万人都已经在用了。然而，“5 000 万”这个数字代表什么“事实”呢？是说“买的人很多”，还是说“这个产品好用”，还是说“你需要这个产品”？当把这些直接拿来当作事实时，你或许觉得只是在“随大流”，但很可能你已经由此“被数字误导”了。

2. 回到数据本身找“事实”

有鉴于数据不会撒谎但的确有人拿数据说谎，我们应该知道：“拿数据说话”并不等于“拿事实说话”。也就是说，如何评价“数据”并从中读出“事实”，这并不是只要能提供或援引“数据”便可自然掌握的一种能力。美国经济学家、统计学家沃克（Francis A. Walker）在 19 世纪下半叶的话，或许至今仍适用于我们的社会大众：

> 这个国家太渴望信息了。一切统计性的东西甚至包括看似统计出来的东西，全被以一种近乎病态的热情接受了。然而，对于此类统计性陈述，我们国家的人基本上还不懂得如何怀疑和批判。①

作为关心事实的说理之人，我们所需要的是能免于合理怀疑从而得以普遍认可的“事实”。要找到这种“事实”，我们一定要了解某一数字背后更多的相关数值或其他信息，也就是说，能作为本书所谓“事实”的统计数据，得是包含统计程式

① 转引自 Henry N. Pollack, *Uncertain Science …… Uncertain World*, Cambridge University Press, 2003, p. 87。

在内的、完整的、情境化的“数据”。

有读者或许指出，最初形态的完整统计数据可能本身比较复杂，包含多维度的“事实”，而有时出于某种特殊的关注点，我们倒希望从中挖掘出更加简便的“事实”。对此，笔者要指出，尽管是只关注原始数据中某一维度的“事实”，我们也需要格外谨慎！虽然我们没必要像统计学家那样对每一组数据重新核实，但任何旨在从数据中解读事实的人都应该回到数据本身，弄清楚每一数字所代表的统计涵义（即它在整套数据中的位置），由此寻找更加完整的信息版本。不能忘记，我们说理中所用的事实，不是单单宣称就可以了，而是要摆出来大量的一手材料（包括原始的统计数字和计算方式）允许对话人自行确认事实的。

譬如，当你听到新闻中说“今年上海经历史上最长夏天”时，你可能注意到其中的某一代表最长夏天的数字。但是，这个数字何以能成为一种事实呢？或者说，其到底指向一种什么样的事实呢？对此，最简单的回答可以是：你去查看一下当地气象部门的统计数据！而倘若你没有耐心去查原始档案，那么，你至少应该弄清楚气象统计中所谓的“夏天天数”到底是如何统计出来的。[①] 按照气象学定义，以 5 天平均气温为标准，某地春季以后 5 天平均气温稳定达到 22 摄氏度时，则达到进入气象学意义夏天的标准。这 5 天中的第 1 天即为进入夏季的第一天。然后，你或许还应该弄清楚这里的“日平均气温”是如何测出来的。倘若你知道气象学上通常用一天 2 时、8 时、14 时、20 时四个时刻的平均气温作为一天的平均气温（即四

① 当然，“今年上海经历史上最长夏天”一句话中的“史上”一词可能也是有歧义的。为此，气象学上通常界定为“有气象记录以来”。

个气温相加除以4），那么，上海市气温的测量又是在哪一个或哪几个站点进行的呢？倘若你知道温度测量是在百叶箱中进行的，那么，百叶箱的周边环境有何要求呢？不弄清这些，你提取出来的“事实”要么是无法被人认可的，要么是空泛无力的。

最后，当你不愿意回到数据本身找“事实”时，请听听《统计数字会撒谎》一书“序言”中的如下告诫：

> 统计这种神秘的语言，在一个用事实说话的社会里是如此的吸引人，但有时它却被利用并成为耸人听闻、恶意夸大或简化事实、迷惑他人的工具。在报告社会经济趋势、商业状况、民意测验和普查的大量数据时，统计方法或者统计术语是必不可少的。但如果作者不能正确理解并恰当地使用这些统计语言，而读者又并不能真正懂得这些术语的含义，那么，统计结果只能是一堆废话。①

一起思考

1. 对比网络共享词典“百度百科”（baike.baidu.com）与“维基百科”（www.wikipedia.org），看看它们的词条撰写规范有何不同。从说理的角度来看，哪一个更好，好在哪里？同时，举例说明：什么样的词条是可信度强的，什么样的词条是可信度差的。

2. 请在微信公众号推文中找一个貌似“新闻”的事件报道的例子。你觉得其中哪些句子可以作为本书所谓的“事实”？哪些方面的事实是报道中未涉及但你作为读者很想弄清楚的？此外，请结合该例子谈谈我们说理之人应该如何正确对待和使用公众号推送的新闻。

① 达莱尔·哈夫：《统计数字会撒谎》，廖颖林译，第Ⅱ页。

推荐阅读

1. 达莱尔·哈夫：《统计数字会撒谎》，廖颖林译，北京：中国城市出版社，2009 年。

2. 马克·巴特斯比：《这是事实吗：用批判性思维评估统计数据和科学信息》，张立英译，上海：上海教育出版社，2017 年。

3. 加里·史密斯：《简单统计学：如何轻松识破一本正经的胡说八道》，刘清山译，江西：江西人民出版社，2018 年。

科学能达到真理吗？

傅海辉／文

1666年，牛顿坐在家中的苹果树下，被一个苹果砸中了脑袋。牛顿由此悟出了苹果的下落和月亮忠实地围绕地球运转是由同一种力引起，并由开普勒行星第三定律推出万有引力与距离的平方反比关系。万有引力定律成为牛顿力学的基本定律之一。1915年，爱因斯坦创立广义相对论，用空间曲率的改变来代替万有引力的效应。此即引力几何化。那么，大自然究竟有没有引力？大自然的本来面目究竟是怎样的？这个问题实际上是：人对外界的认识，能达到真理吗？这是一个认识论问题。

一、什么是科学？

首先，我们需要大致界定一下什么是科学。一般而言，人类的知识可以粗略分为两种，一种是科学，一种是人文学。科学又大致包括数学、自然科学和社会科学。本文讨论的主要是自然科学。

众所周知，我们熟悉的“自然科学”有多个起源，但其主要源头是古希腊哲学。当然，古希腊人并没有明确的科学概念，他们的科学与哲学是不分的，都是“爱智之学”。中世纪末期，在文艺复兴和宗教改革的背景下，现代意义上的科学诞生了。科学从哲学的母体中呱呱坠地，逐渐独立于神学和哲学，与哲学分道扬镳，渐行渐远。

既然科学已经独立，那么就有一个问题，科学与哲学、神学等文化形态有什么区别呢？也就是说，科学的本质特征是什么呢？这就是所谓的“科学划界”问题。

19 世纪的法国哲学家孔德提出了实证主义哲学，认为自然科学与科学的根本区别是，自然科学具有经验性，而经验性就意味着实证性或可检验性。也就是说，自然科学讲的是经验领域的事情，可以用经验证据（观测或者实验）证实。例如，“天鹅是白色的”，这句话是能够证实的。而“天鹅是有灵性的”这句话则无法被证实，因为“灵性”这个概念很难捉摸，无法与观测或实验相关联。哲学和神学讲的往往是超验（超出经验）领域的事情，所以是不具备实证性的。

20 世纪 30 年代，波普尔提出了证伪主义哲学，认为实证主义的思路来自经验主义的归纳法，而归纳法有不少局限性。例如很难应付全称命题。“所有的天鹅都是白色的”这个命题，我们怎么证实？不但要证实天下所有活着的天鹅都是白色的，还要证实所有死去的天鹅也都是白色的，还要证实未出生的天鹅也都是白色的，这显然是不可能做到的。（归纳问题下文还会谈到）实证主义者也认识到了这一点，提出了一个妥协的方案，即一个命题只要能与经验相关联，能用经验证据给予部分支持，也算是可证实。“所有的天鹅都是白色的”，原则上只要找到一只天鹅就算是有了证据了。然而波普尔认为，其实可以换个思路。要证实全称命题很难，但要证伪则可以做到。只要看到一只天鹅不是白色的，这个命题就被推翻了。这是证实与证伪的不对称性。

波普尔提出证伪主义哲学之后，虽然也有许多哲学家予以批评，认为证伪主义有种种缺陷；另外，自然科学是非常复杂的，不是只有可检验这一个性质；然而科学具有可证伪性已成为科学界的共识。

从这个角度再看看数学。数理化常常并称，但实际上有本质的不同。数学研究的对象并不是这个现实的世界，而是一个“想象的世界”，即人为构建出来的世界。比如，几何学既可以是平直空间的几何（欧几里得几何），也可以是非欧几何（包括椭圆几何和双曲几何）。究竟现实世界是什么几何性质，那不是数学问题，而是物理学问题。所以数学不具备经验性。数学是否正确只需要逻辑检验。只要逻辑论证没有问题，就是正确的。也就是说，数学不需要观测或实验，可以“纸上谈兵”。所以数学是科学，但不是自然科学。

二、什么是成功的科学理论？

什么才是成功的科学理论呢？这要看科学究竟要干什么，也就是科学理论的功能是什么。我们通常会说，科学是为了认识世界和改造世界。这个说法当然是正确的，不过有点笼统。具体而言，科学理论的功能大致有三个：描述、解释和预言。例如，对一颗子弹的运动，运动学描述其运动和轨迹的特点，而动力学解释何以有此特点。至于子弹将于何时击中何处，就是预言了。再如，解剖学是进行描述，生理学、生物化学等则是进行解释。利用这些理论可以在一定程度上预言个体或种群的未来演变趋势。

科学的威力主要体现在预言功能上。解释是对已经出现的现象进行解释，相对而言容易一些。例如，怎么解释月食？可以有各种各样的说法，可以用日月地的相对位置来解释，也可以用天狗吃月亮来解释。但是，后者不能预言何时将出现月食，时间有多长，地球上什么地区能够看到，等等，而前者就可以做到。所以，预言是最能体现科学威力的。一个著名的例子是，1928 年，英国物理学家狄拉克根据其相对论性量子力学的研究，预言了正电子（反粒子）的存在；1932 年，美国物理学家安德森在研究宇宙高能射线的工作中发现了正电子，并因此项发现获得 1936 年诺贝尔物理学奖。这是科学理论预言的典范。当然，不是所有的科学理论都能够预言。一般来说，研究对象越简单，运用数学越多，预言起来越容易。物理学最容易预言，而生物学就比较难预言了。

如果一个理论能够成功地描述、解释和预言，那么就可以说这个理论是成功的理论。那么，什么是成功的描述、解释和预言呢？这就需要判别成功的标准。标准不是单一的。一般来说，标准可以分为两类。第一类是经验标准，即上文所说的可检验性。比如，真空中的自由落体是什么运动？我们据自己的研究会得出一个方程或者方程组。这个方程是否是正确的？这就要做实验，看实验数据和方程的解是否在误差范围内吻合。吻合就是证实，不吻合就是证伪。

第二类标准是逻辑标准。科学家希望理论满足一致性、简单性、广泛性、精确性等要求。一致性又叫无矛盾性，意思是理论内部不能存在矛盾，某一个命题和它的否命题不能都被推导出来。简单性是说理论的基本概念和公理应该尽可能地少。广泛性是说理论的适用范围应该尽可能地大。精确性不言而喻。一个理论只要满足了这些要求，就可以说是成功的理论。

三、符合论

如果一个理论是成功的，这个理论就是真理吗？这个问题看似简单，但仔细考量会发现，其实并非如此。在哲学上，这是一个认识论问题。这个问题的核心是：什么是真理？

最为人们所接受的真理概念是符合论：理论如果与研究对象符合，那么就是真理。比如，一个人指着一个东西说："这是一匹马。"如果其所指对象确实是马，那么这句话就符合此对象，因而是真理。如果所指对象是一头鹿，那么这句话就不符合此对象，因而就是谬误。

符合论存在一些难以克服的问题。历史上，无数曾经被认为是真理的理论都被后来的理论推翻了。真理变成了谬误。那么，现在的"真理"会不会在未来成为谬误呢？还有哪个科学理论是能让人真正放心的？难道真理是带时间下标的吗？这就是所谓的"悲观归纳"。例如，在中世纪，地心说被认为是理所当然的真理。我们每天看到的都是太阳在围绕着大地运转，东升西落。我们所居住的大地，很稳定，没有动，除了地震。可是谁会想到，有朝一日，哥白尼却颠覆了这一理论！

符合论在逻辑上的问题就更多了。限于篇幅，只提一个麻烦，就是所谓的"休谟难题"。休谟曾经对归纳法的可靠性提出质疑。许多科学命题或理论的得出都依赖归纳推理。但是归纳推理和演绎推理不同，它是从过去推出未来、从已知推出未知、从个别推出全体、从有限推出无限，其真值无法保证。例如，张三前天晨练，昨天晨练，今天也晨练，如果由此推出他明天也会晨练，这个结论未必就是真的。它是一种或然性推理。科学理论也是如此。比如万有引力定律是在地球上得出的，那么它是不是普适的，即是否在宇宙其他区域也成立？它并不是无条件成立的，需要天文观测来验证，例如通过观测遥远的双星系统运转是否符合开普勒定律来验证。因此，“休谟的困境就是人类的困境”。

在科学研究的操作上，符合论也有一个很大的麻烦。一个理论即使被证实了，也不能简单地就认为是符合论意义上的真理。

科学理论如果是描述性的，一般是在现象层面，证实起来相对容易；但是解释则不同，往往需要假设现象背后存在某种实体、结构以及机制，它们决定了现象的发生。例如月球的运动，其特点是现象，可以观测得到，但是解释就需要引入引力或者别的什么。这靠观测和实验证实就比较难了。我们怎么知道存在一种叫引力的东西？引力看不见、摸不着。我们看见的只是月球的运动。事实上，科学史上有不少这类假说，如热质、燃素、活力等，都已经被证实是错误的。我们认为大自然有一个总的机制，就是因果律。前面谈到休谟质疑了归纳法，实际上休谟是连同因果律一起质疑的。我们看不见因果律，我们只是看见有一些事情总是先后发生，因此因果律来自我们的归纳。严格来说，因果律是人们的信念，而不是人们证明的结论。

我们都看过侦探小说。一些案件显露出来的往往只是一些蛛丝马迹，它们可以支持若干截然不同的故事；而且，并不是

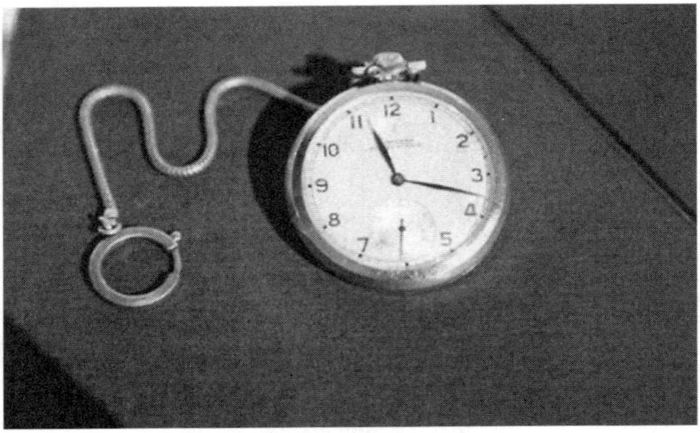

爱因斯坦使用过的怀表

每一个案件都能够真相大白。爱因斯坦有一个比喻：大自然就像一块无法打开后盖的怀表。我们只看到表盘上有三根指针，各自运转。我们可以描述指针的运动特点和规律，但对此规律解释则需要知道表内部的原理及相应的构造。因为不能打开，所以只能猜测。而猜测的结果是不是符合表的真实情况，难以判断。对同一种外在表现，完全可以有许多种原理及构造来实现。例如，机械表、石英表、太阳能电子表等都可以。所谓一因多果、一果多因，都有可能。一块样式“复古”的电子表，完全可以骗过我们的眼睛，使我们误以为它是机械表。举一个实际的例子。古代有许多技术发明，如候风地动仪、木牛流马等，对其原理和内部结构，史书基本不予说明，这给现代复原带来了难以克服的困难。即使专家制作出了外观和功能完全符合史书记载的制品，与其说是复原，不如说是独立的发明，因为无法判断其工作原理和结构是否符合古人的原始发明。

事实上，科学理论与经验证据（观测或实验结果）之间是存在一条难以抹平的鸿沟的。理论往往假设在现象背后存在实体或结构等，而证据则仅仅是现象层面的；理论一般是全称命题（即所有的某某如何如何），而经验证据则是单称（即某个数据如何如何）的观测命题；理论在数学上是精确的，而证据总是有误差的。所以理论是远远超过经验证据的，越是深刻的、有想象力的理论，越是难以由证据逻辑推演得出，也难以靠证据真正证实。

按照符合论的逻辑，显然，真理是唯一的，因为与研究对象严丝合缝的理论只可能有一个。借用 2008 年北京奥运会的口号“同一个世界，同一个梦想”，符合论真理观可以说是“同一个世界，同一个真理”。理论上是如此，但实际上很难做到。世界是复杂的，一个研究对象包含各种要素，而理论的各要素未必会与事实的各要素一一对应。没有理由断言，一个或一组证据必然指向某一个或一组特定的假设或指称，从现象这个“果”无法推断其具体的“因”。甚至，即使碰巧得到了一个唯一正确的真理，我们也无法判断。这要靠“上帝视角”才能办到。有鉴于此，有人提出一种较弱的符合论，即承认客观对象独立于认识主体，但真理并非具有唯一性，对同一个问题，可以建构不同的理论模型。只要它们能够解释和预言，就承认它们都是符合论意义上的真理。

一个符合论者兼可知论者会认为，科学在不断地向真理迈进，逐渐地逼近真理。如果他还承认辩证法，那就会认为科学是按否定之否定规律，螺旋式地逼近真理的。一个典型的例子是光学。17 世纪末，牛顿认为光是一种微粒，此即微粒说。由于牛顿的威望，微粒说成为权威理论。19 世纪初，英国医生托马斯·杨成功进行了光的干涉实验，法国工程师菲涅耳受其启发，成功进行了光的衍射实验，由此光的波动说取代了微粒说。19 世纪末，光电效应被发现。1905 年，爱因斯坦在德国物理学家普朗克作用量子假说基础上，提出光量子理论，认为电磁波同时也是一种粒子，具有颗粒性和分立性，成功地解释了光电效应。这就是所谓的“波粒二象性”。由此，人类对光的认识完成了一个否定之否定的历史进程。

不过也有学者认为，并不是所有领域的科学理论都在逼近一个终极目标。例如，古希腊的天文学家认为，宇宙是有限的。牛顿力学基础上的近代宇宙学则认为宇宙是无限的，而爱因斯坦以广义相对论为基础建立的现代宇宙学则认为宇宙是有限而无界的。宇宙学的主流理论大爆炸理论也认为宇宙有限。这似乎不是朝着某个特定的目标逼近，而是在不断“振荡”。不过按照辩证法的观点，现代有限宇宙论是在一个更高层次上对古代有限宇宙论的回归，这恰恰是一个否定之否定的过程。

四、实用主义及其他

因为符合论有这些麻烦，所以实用主义真理观大行其道，为许多人所认同。实用主义的意思是，如果一个理论能够较好地或成功地解释世界或改变世界，能够达到某种实用的目的，成为人们的工具，那么它就是真理。简单地说，就是“有用即真理”。因此科学家追求的不应该是符合论的真理，而是满足科学功能的工具，在此意义上，实用主义往往又被称为工具主义。实用主义能够避免符合论的许多困难。比如，原有被认为是真理的理论往往到头来会被抛弃，这对实用主义来说很正常，有了更趁手的工具之后，原来的工具自然就被抛弃了。

因为真理是工具，所以就不是唯一的了。卫星上天靠万有引力理论，北斗导航靠广义相对论，因此两者都是好用的工具，也就都是真理。

这就是“有用即真理”这一看似明显荒谬的真理观大行其道的原因。不过实用主义也有自己的问题。最严重的问题是，“有用”和理论的“真”是什么关系。“有用”是“真”的充分条件还是必要条件？似乎都不是。如果是充分条件，那就是说，只要有用就是真理。这听上去就感觉不太对。谎言往往是有用的。曹操为了鼓舞大家在饥渴中行军，谎称前方有梅林，成功地使大家望梅止渴。但是如果我们把谎言当做真理，显然是很别扭甚至荒唐的。罗素曾说：“难保不发生这种事情，虽然事实上 A 不存在，而‘A 存在’却是真的。我一向总感到有圣诞老人这一假说‘在最广的意义上起满意的作用’，……”

如果“有用”是“真”的必要条件，那就是说，只有有用才能是真理。这似乎也有问题。例如，天文学和宇宙学中的某些理论没有什么实际用处，那是不是真理呢？从上述分析可知，有用既不是真理的充分条件，也不是真理的必要条件。

当然，如果纯粹从逻辑角度看，这也没什么。既然有了一个定义，那么就按照定义来好了。如果把“中国人”定义为拥有中国国籍的人，那么那些高鼻深目、中国话都说不利索却拥有中国国籍的“老外”也算是中国人了，而那些有中国血统却放弃了中国国籍的人反而是“外国人”了。这虽然在直觉和常识上令人感觉怪异，但在法律上是正确的。问题是，人的直觉和常识有时候也是很靠谱的，因此与一些公认的、可靠的常识（虽然怎么算可靠是可以讨论的）相抵牾，总是不太让人放心的。如果一个关于真理的定义使得谎言也算真理，那么这个定义有可能是有毛病的，可能是没有考虑到或者说牺牲了什么重要的东西。

另外，“有用”是有条件的，取决于具体的语境，所以一句话或一个理论的真理性很难具备确定性。“前方有梅林”这句话是不是真理，不是取决于前方究竟有没有梅林，而是取决于是否“失汲道”以及士兵是否“口皆出水”。如果某个士兵“口未出水”，那曹操的话对这位士兵就不是真理。这样的真理没有也罢。

因为以上真理观的困难，有人提出了冗余论，即真理这个概念是多余的，是不必要的。“是真的”至少作为可分离的谓词是可消除的。真、假仅仅是一种修辞，或者是一种风格。还有人提出了施为论，即“真”是行动语词，而非描述性语词，使用行动语词不是在作出陈述，而是在从事一项行动，是在肯定、赞同、承认、同意某人的话。比如，有人说：“这是一匹马。”如果你认为这句话是真理，完全可以用“我同意”“我认可”“是的”等代替，甚至用点点头来表示。没有必要使用真理概念。

这些真理概念，多多少少有些知难而退的意思。我们人类的理性恐怕是不会甘心的，在我们的内心深处，还是希望符合论的真理是存在并可以达到的。

五、几 个 案 例

1. 基因

达尔文曾经假设遗传现象的背后存在一种“泛生子”。达尔文之后的其他科学家也提出了自己的假说，如独特分子、生殖质、种质等。这些都是纯粹猜测性的概念，严格地说是形而上学性质而不是科学性质的。孟德尔通过豌豆杂交实验提出“遗传因子”概念，是第一个科学的遗传学概念。该概念在孟德尔提出时不受人们的青睐，20 世纪初“重新发现孟德尔”，才引起了人们的兴趣。1909 年，丹麦生物学家约翰逊提出，用达尔文的“泛生子”这个单词“pangene”的后半部分“gene”（中文译为“基因”）来代替孟德尔的“遗传因子”概念。

孟德尔

那么基因的物质载体究竟是什么呢？20 世纪上半叶，生物学家都认为，基因是蛋白质，而不是核酸。理由是：蛋白质在有机体中含量丰富，蛋白质的基本单位氨基酸种类多，排列方式多种多样，具有储存大量遗传信息的能力或潜力；当时生物学家以为四种碱基在核酸中含量相等，核酸是四个不同的带碱基的核苷酸连成的简单小分子或者四核苷酸多聚体，分子量仅为 1 500；以为 DNA 为动物所特有，RNA 为植物所特有；以为有丝分裂中，染色体物质并非持续存在；以为受精似乎不是单纯的化学过程，用化学来揭示遗传机制是可疑的。

1944 年，美国生理学家艾弗里用排除法严密地证明了肺炎双球菌的遗传物质是 DNA 而不是蛋白质、脂肪、多糖等化学成分，却没有得到人们的肯定。因为蛋白质才能是基因这个认识实在是显得太理所当然了。就连噬菌体学派的创始人德尔布吕克也认为 DNA 是一种乏味的惰性大分子。许多人认为艾弗里的实验有缺陷，一定是 DNA 提纯不彻底，混入了蛋白质。直到 1951 年，噬菌体学派的干将赫尔希和他的助手蔡斯，运用放射性同位素标记技术，进行了噬菌体侵染实验，才最终确定DNA是基因。而DNA“何德何能”成为基因的化学载体呢？这就需要研究它的结构。众所周知，沃森、克里克、富兰克林和威尔金斯等人借助X射线晶体衍射技术，发现了DNA的双螺旋结构模型，揭示了这一奥秘。中心法则、逆转录等研究工作则揭示了遗传的机制。

2. 原子论

原子论是古希腊哲学家提出的。现代的科学原子论则是19世纪初英国物理学家、化学家道尔顿提出的。道尔顿的原子论之所以被称为科学原子论，是因为他引入了原子量的概念，把原子论定量化，并给出了第一张原子量表。道尔顿还根据原子假说发现了倍比定律。不过到19世纪末，仍然有不少一流的科学家对原子论不太信任，如法国数学家、物理学家和哲学家彭加勒，英国物理学家开尔文，德国化学家凯库勒，德国化学家奥斯特瓦尔德，等等。

1827年，英国植物学家罗伯特·布朗发现花粉在水中竟然在不停顿地进行无规则运动。随后他发现无机物微粒也是如此，因而这不是一种生物现象，而是物理现象。布朗公布了他的发现之后，许多物理学家重复了其实验，并给出了多种解释，但都不成功。1905年，爱因斯坦发表论文，首次提出了关于布朗运动的定量理论，得到了方均根位移公式。通过这一公式，能够计算出阿伏伽德罗常数。由于阿伏伽德罗常数是已知的，所以就能够用实验来检验爱因斯坦的理论。爱因斯坦的理论发表后，有人曾试图做实验予以检验，但没有成功。1908年，法国物理学家佩兰（Jean B. Perrin）通过巧妙的实验证实了爱因斯坦的理论。佩兰的工作使几乎所有的科学家都相信了原子论。

不过，这其中有一个例外，就是恩斯特·马赫。马赫是19

世纪末 20 世纪初伟大的科学哲学家、物理学家、物理学史家、心理学家。空气动力学中的一个重要概念“马赫数”（航空器的速度与声速之比）即以他的名字命名。马赫对牛顿力学的历史和哲学有着深刻的洞见，爱因斯坦创立相对论很大程度受了这一工作的启发，因此马赫是当之无愧的相对论先驱之一。

佩兰实验成功后，马赫仍然不为所动。直到 1910 年，奥地利物理学家斯特藩·迈耶尔（Stefan Meyer）向马赫演示 α 粒子打在荧光屏上出现闪光，马赫才终于改变了对原子论的看法:“现在我相信原子的存在了，在短短的两三分钟内，我的整个世界观改变了。”

马赫为什么在很长时间里都反对原子论？关于这个问题，学者有不同观点，存在许多争议。不过，从根本上说，是认识论方面的原因。马赫是一位实证主义者，主张拒斥形而上学。同时，马赫还主张感觉要素一元论和思维经济原则。前者认为感觉和感觉的复合能够是并且必须是关于外在世界的那些陈述的唯一对象，后者认为人的思维应该像从事经济活动那样，尽可能节省成本，减少消耗。在科学上，应尽量放弃“双倍”的存在。比如，现象和本质是一对哲学范畴，我们都能感知到现象，却无法看到本质。本质就是一种假设。这种假设如果不能给我们的科学研究带来好处，那就应该舍去。马赫称这种假设为“作业假设”，就像造房子的脚手架，用完了就应该拆除。在马赫看来，原子论就是这种作业假设，是一种有一定用处的暂时性的虚构。

既然原子是人的感官无法直接感知的，那么退而求其次，原子论假说的启发性价值就成为其“合法性”的依据。1910 年 9 月，爱因斯坦拜访马赫时向他提了一个问题：如果气体的某个可观察的性质要靠假定原子的存在才能预测，而没有原子假说就不能预测，那么我们应该采取什么样的立场呢？马赫回答说，如果确实如此，那么我们就不得不接受原子假说。（当然，前文已经谈到，原则上有无数多种假说都能够得到同样的推论。所以，靠一些推论是不能百分之百地确定原子的真实存在的。）在马赫看来，原子论的启发价值基本上已经耗尽了。在热力学领域，用原子论就无法解释许多热现象。许多物理和化学现象在马赫看来都是不能靠原子论解释的。马赫还从事心理学研究，心理学现象就更无法还原到物理学层面上了。许多科学家都相信还原论，认为高层次的规律是可以完全靠低层次的规律解释的，例如化学键就可以用量子力学来解释。那么，原子论可能就是最终"托底"的那个理论。可是马赫并不相信这一点。

当然，马赫反对原子论，不可能只有这一个哲学的因素。在原子论假说中，原子有一些基本性质，如刚性、不可分性等，它们也都没有实验证据的支持。

马赫也反对相对论。人们尊称马赫为相对论先驱，不料马赫本人却不领情。马赫承认相对论在数学上的价值，但断然拒绝别人称他为"相对论先驱"。马赫的这一态度，使爱因斯坦十分尴尬，也使许多学者感到困惑，引发了长时间的争议。甚至有人认为那篇序言是马赫的儿子伪造的。具体缘由此处不拟详细讨论，只是说明，与他反对原子论类似，马赫的哲学观念也是他反对相对论的深层次原因。爱因斯坦一语中的：在他看来这个理论是高度思辨的，不能接受。

3. 万有引力和空间弯曲

我们回过头来再看万有引力的例子。牛顿力学创立以来，似乎大有摧枯拉朽之势，正如牛顿的墓志铭所说，"他以超乎常人的智力，第一个证明了行星的运动与形状，彗星的轨道与海洋的潮汐”。不过，牛顿力学也有力所不及之处，例如对水星近日点的进动，牛顿力学就无法精确地解释。

19世纪60年代，英国物理学家麦克斯韦创立了电动力学，统一了电、磁和光三大领域，提出了电磁波和电磁场的概念。但是，牛顿力学和电动力学之间出现了严重的不协调。牛顿力学遵循伽利略相对性原理（物理学基本方程不随惯性参考系的变换而变换），而电动力学则不然。按照机械波的力学，电磁波也显得十分另类，不可理解。另外，万有引力是超距作用，即力的传递速度为无穷大，不论空间距离有多远，万有引力都是瞬间到达。这是非常怪异的。电磁波就是近距作用，其传递速度是有限的。众所周知，物理学基本常数之一光速就是电磁波在真空中的传递速度。1905年，爱因斯坦创立了狭义相对论，统一了牛顿力学和电动力学，使两大力学均得以遵循同样的相对性原理。然而，狭义相对论不能处理引力问题，而且其相对性原理只适用于惯性系（加速度为零的参考系），对非惯性系（加速度不为零的参考系）无效。1915年，爱因斯坦创立了广义相对论，提出惯性力场和引力场等效的原理，一举解决了这两个问题，把相对性原理推广到非惯性系，而且能够适用于引力。

广义相对论不使用引力概念，而用大质量天体改变空间曲率来代替。此即引力几何化。那么到底大自然有没有万有引力呢？我们无法直接回答这个问题，只能从侧面来作判断。相对论继承了牛顿力学的成功之处，而又消弭了其失败之处，成功解释了水星近日点的进动，尤其是预言了光线弯曲、引力透镜、引力波等效应，并得到了验证。因此，相对论是比牛顿力学更优越的理论，因此这一理论所展现的世界图景比牛顿力学更可能接近真理。广义相对论与量子力学之间无法兼容，因此，未来的世界图景究竟如何，人们还需拭目以待。

现象背后的东西难以捉摸，使西方认识论在涉及超出经验范围的假说时十分谨慎，柏拉图的“洞穴比喻”、中世纪的“奥卡姆剃刀”（如无必要，勿增实体）、康德的“物自体”、马赫的“作业假设”、爱因斯坦的“钟表”等，都典型地体现了这一点。这是西方认识论的根深蒂固的怀疑主义传统。与之相对立的则是独断主义，坚信自己有能力洞察到大自然的奥秘。怀疑主义使科学家在研究深不可测、奥妙无穷的大自然时保持谦虚谨慎，但有时也容易谨慎过头，不敢充分发挥自己的想象力和主观能动性，而且在真理问题上陷入相对主义。独断主义则相反，容易使人自命不凡、固执己见，陷入绝对主义。因此，在两种极端之间保持适度的平衡是必要的。

一起思考

1. 你认为自然科学能达到真理吗？为什么？

2. 哪一种真理观更合理？为什么？

推荐阅读

1. 波伊曼：《知识论导论：我们能知道什么？》，洪汉鼎译，北京：中国人民大学出版社，2008 年。

2. 杰弗里·戈勒姆：《人人都该懂的科学哲学》，石雨晴译，浙江：浙江人民出版社，2019 年。

为什么我们应该相信科学家？

朱　晶/文

今天的我们，生活在科学、技术和医学极大地改变了我们生活的时代。科学不仅丰富了人类对自然世界的认识，改变了人类对世界的观念和态度，对我们理解世界的方式带来了根本性变革；以科学理论为基础的技术，还通过多种人造物，形塑着我们的现代生活并占据主要位置。与此同时，科学与社会的界面的交织越来越密切，科学领域的前沿问题和新兴技术，在极大地改变我们所生活的世界的同时，也引发了越来越多的社会争议。全球气候变化、合成生物学、人类基因编辑、人工智能医学、自动驾驶、转基因食品、纳米技术、疫苗研制与疫苗接种、垃圾分类与生态环境保护等问题，既是科学研究的重要议题，也与国际关系、社会治理、伦理与法律等领域中与人类发展密切相关的重要问题相关，是全球共同关切的话题。

这些与科学有关的问题在社会领域引发了越来越激烈的讨论，甚至争论的同时，社会上还出现了另外一种声音，那就是对科学家的不信任。比如，大量调查和研究表明，不少美国公众认为人类活动引起气候变化的科学共识是不可靠的①，欧洲人对科学家得出的关于转基因生物的安全性问题表示怀疑②。人类社会在 20 世纪开始建立的对科学和科学家的信任、对科学持有的乐观主义的立场，在今天开始渐渐受到挑战。为什么公众会不信任科学家，原因很复杂。其中有宗教和社会因素，公众更加倾向于选择和自己所处的社会文化或者社群相同的观点，即身份保护性认知（identity-protective cognition）③；有媒体对科学信息的选择性报道和公众对信息的选择性阅读产生的影响，比如转基因科学家常常被报道成为谋求私利而推动转基因技术，这些报道会扭曲人们对转基因科学家的认同和对科学事实的判断④。当转基因成为媒体报道热点时，公众在转基因问题上对科学家的信任度就会显著降低，因为科学家的声音被其他方面的观点所削弱⑤。总之，这些有关科学的社会争议反映出来的不信任科学家的问题，对于科学共同体而言，是很难操控的。

不仅如此，科学研究的专业化程度越来越高，理解科学研

① Drummond C., Fischhoff B, "Individuals with greater science literacy and education have more polarized beliefs on controversial science topics", *Proceedings of the National Academy of Sciences of the United States of America*, 2017, 114 (36): 9587 - 9592.

② Bonfadelli H, "Communications about biotechnologies and GMOs across Europe", in Jamieson K. H., Kahan D. and Scheufele D. A. (eds.), *The Oxford Handbook of the Science of Science Communication*, New York: Oxford University, 2017, pp. 157 - 164.

③ Cohen G. L., Aronson J., Steele C. M., "When beliefs yield to evidence: Reducing biased evaluation by affirming the self", *Personality and Social Psychology Bulletin*, 2000, 26: 1151 - 1164.

④ 贾鹤鹏:《知识可以改变对转基因食品的态度吗? ——探究科技争议下的极化态度》,《华中农业大学学报》(社会科学版), 2020 (1), 第 135—142 页。

⑤ Marques M. D., Critchley C. R., Walshe J., "Attitudes to genetically modified food over time: How trust in organizations and the media cycle predict support", *Public Understanding of Science*, 2015, 24 (5): 601 - 618.

究领域的新进展就需要更高的门槛，“门外汉”需要更多的知识。比如2020年1月30日国际学术刊物《自然》（*Nature*）发表的论文中，主题包括金属氢、从廉价碳资源中生产石墨烯、压力损伤干细胞与头发过早变灰等。不仅大部分公众不能亲自去验证这些实验，大多数非论文所专属领域的科学家也不能。对于科学家而言，他们会选择相信彼此的结论，那么对于公众而言呢？为什么跨领域的科学家会选择相信彼此的结论？

对以上这些问题的回答和解决，虽然有不少超过了科学本身的范围，涉及社会、文化、政治、认知、心理、法律、伦理等领域，不少问题是政策问题而不是科学问题，但是科学哲学可以做一项重要工作，即澄清公众的误解，帮助公众建立对科学家的信任。其中一个关键工作就是，从科学哲学的理论出发，帮助科学家向公众解释，为什么我们应该相信科学家。不同领域的科学研究有哪些共同的特征？为什么都叫作科学？这就是科学哲学家所探讨的问题。科学起源于哲学，但是今天，科学哲学成了一个独立的领域，科学哲学讨论科学是什么、科学如何运行，以及科学应该在社会中扮演什么样的角色。

接下来，我们将通过对科学进行哲学分析，对科学与社会之间的关系进行哲学考察，分析科学知识具有客观性的基础，澄清科学家真实的、而非理想化的工作方式和认识世界的方式，厘清科学与技术的区别与将科学与技术混为一谈的误解，并在此基础上回答，外行对科学家的信任不是盲目的，而是基于科学研究的多重方法和科学共同体的规范所带来的科学家在认识论上的权威与科学知识的客观性。[1]

① 朱晶：《科学教育中的知识、方法与信念——基于科学哲学的考察》，《华东师范大学学报》（教育科学版），2020（7），第106—116页。

一、科学研究过程与科学知识的客观性

科学研究的目的是了解我们所处的自然世界，揭示自然界的真。那么，我们是否能够认识到却在实际上低估了科学确实在告诉我们关于自然界的真实？科学史上的一些案例告诉我们，用今天的科学来审视过去时，有些曾被认为是正确的科学知识，现在看来是错误的。那么，我们如何知道当下的科学知识不是错误的？科学知识是否具有客观性？对于科学哲学家而言，科学知识的客观性，除了一般所认为的科学探究的结果——科学知识，是对自然现象的真实描述和解释，还涉及第二个方面，即科学探究的过程，即为什么我们认为科学家在探究自然的过程中，是在不断追求对自然现象的真实描述和解释。原因之一，是科学家在探究过程中所采用的独特方法带来客观性，获得确证的知识，其方法是无偏见的、客观的。

从17世纪现代科学的诞生与体制化，到今天全世界范围内的科学家共同面对和解决流行病、环境与健康等问题，科学研究在方法上呈现出哪些共同特征呢？从17世纪开普勒发现行星运动三定律，到2019年事件视界望远镜（Event Horizon Telescope）拍摄到距离地球5 500万光年的黑洞的照片；从达尔文提出进化理论，到科学家们新近发现智人更古老的起源；从拉瓦锡提出燃烧的氧化理论，到今天生命体内复杂体系的精准组装；从疾病的细菌理论提出，到今天的人工智能医学辅助图像诊断；从道尔顿对气体和气象的观测，到今天科学家对气候变化的影响因素进行分析；这些例子，涵盖了物理学、地球科学、医学、生命科学和化学等不同领域。

作为描述和解释自然现象的科学，科学研究的范围非常广泛，不同领域的科学理论在空间和时间尺度上有区别，每个学科或者子学科有自己看待世界的方式，并产生了特有的研究工具、研究方法和理论框架，有确定的概念、思想和理论，看起来并没有太多的一致性。尽管如此，科学研究在探索自然界的方法和原则上仍然有一些共同点，而且还有一些我们容易产生误解的地方。

首先，科学研究基于经验的观察。不论是达尔文在加拉帕戈斯群岛上的观察，拉瓦锡对燃烧现象的观察等基于肉眼的直接观察；还是今天的科学家利用仪器进行的精密但是间接的观察，比如用视界望远镜观察或者被誉为“中国天眼”的 500 米口径球面射电望远镜观测宇宙空间，气候变化研究中利用气象站进行观测，神经科学中利用脑成像扫描仪对脑部神经活动的观察，医学家利用 X 射线对人体内部器官进行的观察；用肉眼或者仪器对自然现象进行直接或者间接观察，是科学研究的共同特点之一。观察所带来的科学知识的客观性，是因为观察是公开的，不依赖于观察者个体，不同的科学家都可以利用同一种观察方法或者仪器得出同样的结果。而且，科学研究不仅仅只是进行观察，还需要对观察结果进行分析，在分析时利用归纳、演绎、提出猜想、证实或者反驳猜想等各种不同的方式，还要借助于数学、计算机来建立模型，从观察现象和数据中得出结论。比如，达尔文在加拉帕戈斯群岛上观察到物种随时间和空间变化，特别是地质变化而产生的变化，例如生物因地域不同而产生的随空间的变化，有一些同源的雀鸟物种在不同的地方会呈现不同的属性；在南美洲东海岸发现物种随地域分布而变化的明显规律性：有亲缘关系的物种分布较近；物种距离越远，差异越大。除了这些观察，达尔文的重要贡献，是注意到了物种微小的变异所引起的巨大变化，根据观察得出了物种演化的机制，即自然选择。总之，观察的目的是为了获得数据，为新知识或者理论提供证据，为新观点或者理论提供解释基础。不仅仅是达尔文，与他同时代的科学家、后代科学家，乃至今天的生物学家，都可以通过观察这些现象来更好地理解生物演化理论中的适应性和自然选择的机制。

其次，科学研究还要做实验，实验除了和观察一样，可以被不同的个人所重复，克服个体主观性的偏见而获得检验，还能够通过一系列操作获得比观察更加精确的知识。科学家利用不同的实验和观察技巧来获得不同的证据，而且是相关的证据，来说服学术同行，实验方法和过程带来了科学知识的精确性和客观性。科学家进行实验，目的是为了控制变量，在实验室中创造各种不同的条件，找出观察到的现象和结论之间的因果关系或相关性；其中很重要的一点，是获得和结论"相关"的证据，而不是无关或者看似相关的证据，从而得出更加准确的结论。比如，在针对流行病的疫苗研制过程中，不仅仅在疫苗研发出来后要进行多期临床试验，科学家在实验室还要做大量前期的基础研究，比如对病毒结构进行分析、对疫苗进行筛选、对表型进行分析等，目的就是为了找到具有结合特异性的化合物，而不是看起来有效的化合物。不仅如此，在对有效性的检验上，无论是疫苗研制还是普通的药物研发，都需要使用安慰剂随机双盲对照实验，以排除实验对象或实验人员的主观偏向和心理因素对治疗手段或者药物实际效果的影响；而且所得到的药物测试与安慰剂结果之间要存在区别，才能成为在数字上有意义的判定。双盲评价是现代医学方法论的重要组成部分，在实验方法带来对药物或者疫苗的有效性的精确结论的基础上，我们对疾病的预防和治疗才能实现精准性。

需要特别澄清的是，并不是所有的科学研究都需要做实验，并不是所有的科学研究都在实验室进行，科学家还可以通过模拟的方法来进行研究。建立模型进行模拟，也是科学家获取科学知识的重要来源。① 比如，天文学家虽然不能做实验，但是可以利用光谱仪通过原子衍射的各种信息和基础理论，来了解行星体系的变化机制。气候科学家不可能进行全球实验，但是可以通过经验模拟和计算机模型模拟全球气候变化，比如二氧化碳浓度的变化、二氧化碳等气体的分布和流动等。② 另外，科学家不仅仅是做实验，他们在实验过程中还应考虑相应的伦理问题。在《自然》杂志创刊 150 周年的 2019 年，总编斯基普（Magdalena Skipper）谈到："新发现和新发明的出现速度越来越快，从分离干细胞到克隆技术和基因编辑技术的发明，再到上个月的量子优越性——科研人员和学术出版机构也许比以往任何时间更需要明确并履行我们的社会责任。"

科学家不仅仅通过观察和实验获得可靠的证据，科学家还依赖多重证据。通常情况下，科学家并不是有了一个假说或者猜想，然后用一个简单或者复杂的实验就揭示了真理。真实的科学实践远远比这个复杂。许多科学家用不同的方法在探讨同一个问题，而且获得了对这个问题的一致结论，那就是理论的稳健性（robustness）。科学信息的可靠性，正是来源于不同方

① Weisberg M., *Simulation and Similarity: Using Models to Understand the World*, New York: Oxford University Press, 2013.

② Lloyd E A, Winsberg E., *Climate Modelling: Philosophical and Conceptual Issues*, New York: Palgrave Macmillan, 2018.

法所获得的证据都支持同一个结果。这种可靠性体现在科学研究的不同领域，比如关于遗传机制的说明，科学家从进化论、博物学、动物学、育种学、细胞学、化学等不同领域寻找和提供证据，不同领域的科学家都在探讨同一个类型的问题。科学研究涉及证据的积累，天文学、生物学、心理学以及气候科学的例子都说明，科学家在某个领域最开始有一个想法，接着逐渐积累直接或者间接证据，将理论或者概念变得更加精确和精细，从而更好地、更加清晰地理解为了解释某个现象，到底需要哪些证据。虽然科学家未必获得像数学公式或者逻辑中的绝对的那样的确定性，但是，逐渐增加的证据，而且是互相独立的证据，能够逐渐增加所获得的理论为真的可信度。比如，2017 年 8 月 17 日，全世界 953 个研究机构 3 674 位研究者通力合作，首次对 1. 3 亿光年之外两颗中子星的合并及其后续事件进行了观测和研究，这次由数千位研究者共同观测到的双中子星合并事件被选为当年的“年度科学突破”。中子星（neutron star）是除黑洞外密度最大的星体，是质量没有达到可以形成黑洞的水平的恒星在寿命终结时塌缩形成的、介于白矮星和黑洞之间的星体。恒星演化到末期，经过重力崩溃所发生的超新星爆炸之后，可能成为的少数星体之一即为中子星，它的密度比地球上任何物质的密度大相当多倍。科学家在研究过程中探测到了空间中极其微小的涟漪，即旋转的中子星在合并之前发出的引力波。中子星合并事件观测的重要意义之一，是对已有的理论提供新的证据，它证实了天体物理模型，揭示了许多重元素的来源之一，并以前所未有的方式检验了广义相对论的正确性。因而，和 2016 年科学家利用激光干涉引力波天文台（LIGO）首次探测到两个黑洞合并时产生的引力波一样，中子星合并的观测增加了新的证据，而且是互相独立的证据，从而提高了广义相对论这一理论为真的可信度。

由此，不依赖于个体的直接或者间接的观察，而是用不同的方法对同一问题提供多重证据，科学探究具体过程之中的这种探究方式，是新的科学知识形成的基础，为科学家追求科学知识的客观性在方法上提供了担保。亦即，自然世界是客观的，借助技术和仪器，科学家通过观察、实验和模拟等公开的、可供检验的探究方式，克服主观偏见，试图努力获得关于自然界的客观知识，而不是科学家头脑中的想法。

二、科学共同体的规范与科学知识的客观性

科学家通过观察、实验、模拟等多种科学研究方法，就一定可以发现关于自然界的事实，保证科学知识的客观性吗？科学史上的案例告诉我们，历史上的科学家的一些观点，在今天看来是错误的，比如爱因斯坦的静态宇宙模型。那么，为什么我们依然认为科学家在追求关于自然界的真实？这是因为除了科学探究的过程，科学家组成的群体有一套独特的规范，这套规范“监督”科学共同体（scientific community）而不是科学家个人，努力追求科学知识的客观性。

由科学家组成的有形和无形的群体，我们称之为科学共同体，科学共同体在从事科学研究工作时，会遵循相同的规范。而且，这种规范不是以手册、禁令等方式明确提出的，但科学家在从事科学研究时都会潜移默化地遵循这些规范。科学社会学家默顿（Robert C. Merton）将它总结为普遍主义、公有性、无私利性和有组织的怀疑。特别是“有组织的怀疑”这条规范，

使得科学事业的运行方式对科学知识的客观性产生影响。

有组织的怀疑，是指科学家面对同行提出的某个观点、理论甚至是观察或者实验结果时，持审慎的批评态度，而不是盲目的信任。而且，这种怀疑，不是某个科学家的行为，是科学共同体的行为，它表现在科学知识进入公共流通渠道之前的同行评审、科学知识的公开交流及科学共同体的自我纠错机制上。同行评审是科学研究的结果在公开发表之前，科学家严格审查彼此工作的过程。科学家或者一个研究团队在研究工作完成之后，会总结他们的研究工作，形成研究论文投交给学术刊物。接着，同领域的其他研究者会严格审查这篇论文是否值得发表，评审将基于论文在方法上的合理性，比如是否控制了足够多有意义的变量，样本选取是否合理，数据分析是否准确，是否能够从实验数据中合理地得出结论，等等。以药物或者疫苗有效性的双盲随机实验为例，实验过程中无论是操作者还是被试者，都不知道实验中哪些人获得了真实的治疗，哪些人得到的是安慰剂，只有第三方或者电脑才知道这些信息。同行评审的重要目的，是让那些和药物或者疫苗开发没有利益关系的科学家，或者是没有参与过这些实验的科学家，来评价实验过程和方法、结论等是否合理，从而决定研究结果是否值得发表。

除了论文投稿阶段的正式同行评审，还有一些非正式的同行评审。比如，在论文发表之前，科学家常常会在学术会议上公开报告他们的研究，与会同行会就研究报告展开讨论、提出改进的建议。科学家还会以海报形式、预印本形式公开自己的研究，供同行批评和提建议。通过这种科学共同体的集体行为，这种集体性的、有组织的怀疑，帮助科学家纠错并改进，从而使得科学研究的过程更加客观。科学共同体中的科学家，遵循相同的规范，这种规范将他们的经验集合起来，从不同的方面获得关于自然界的客观知识；而且只有这种集体遵循的工作方式和评价方式，才能够克服个人的偏见。

此外，科学的规范结构中的公有性，不仅要求科学研究的成果一旦发表，就是公开的，是全世界公有的，还为已经公开发表的科学研究的客观性提供了另外一种审查渠道，即科学知识具有可重复性。可重复性既是科学共同体对科学知识客观性的检验，也是对科学知识客观性的贡献。科学家重复其他科学家发表的论文中的研究，科学家使用同样的实验条件和环境进行实验，也相当于在进行同行审查。当获得相同的结果时，科学家会对已有的结果更加相信。如果论文中的方法或者变量等有错误，其他科学家将无法重复得出相同的结果。

因而，科学共同体的规范结构，使得科学研究的结果是集合了科学共同体的不同观点的，从而使得科学过程和科学知识更加客观。[①] 特别是，今天的科学研究越来越倾向于团队合作，由一群科学家共同完成，他们在观察、实验和模拟上通过协调，在合作中贡献自己不同的观点、方法和技巧。

三、理解科学研究的独特性才会更加相信科学家

从 17 世纪科学革命以来，科学在运转的过程中，就像一架机器，运转了许多年，形成了自己独特的动力机制和结构。

① Longino, H. E., *The Fate of Knowledge*. Princeton: Princeton University Press, 2002.

这一系列的质量控制标准在科学共同体中不仅被严格遵守，还受到科学家的尊崇。科学共同体利用这套方法和社会运行机制，来保证进入科学领域的知识的客观性。

科学研究的公开性、开放性，对研究结果可重复性的追求，对克服个人偏见的追求，是科学共同体而非科学家个人的目标。不仅如此，科学共同体在追求这个目标的路上，已经走了几百年，科学知识的可靠性、客观性是科学家集体智慧和集体努力的结果，科学的可靠性和对客观性的追求，在科学事业不断前进的过程中被传递、被尊崇，而我们也正在从这种集体智慧和集体努力中获益。而且，科学事业在运转的过程中，随着职业科学家的增多、仪器等研究手段的进步、对同行评审和标准的不断调整，科学探究过程变得越来越客观，越来越可靠地刻画我们所生活的世界。为此，我们应该信任科学家，不是因为科学家在科学知识上的权威，不是因为科学家个人的权威，而是因为科学共同体在认识论和社会运行结构上的权威。我们信任科学家的基石，是科学研究过程、交流和评审过程对客观性证据的追求。

需要适当提及的是，科学与社会层面的不少问题和争论，有的超过了科学能够解决的范围，有的不是科学问题，而是技术问题，不少是因为将科学和技术混淆而引起的。虽然高技术的实现，需要以科学研究为基础，但是并非所有的问题，都与科学家相关。科学从最初的起源，到科学革命，再到今天的重大发现，不少科学探索是与好奇、对自然现象的探索有关，而不是出于实际的应用。而且，从科学研究到具体技术应用的实现，有时需要相当长的时间。这些都是我们在讨论科学、科学家时容易产生误解的地方。

一起思考

1. 科学家是通过哪些方法来探究自然并达成共识的?

2. 科学研究的客观性是如何通过科学共同体有组织的怀疑和纠错来获得的?

推荐阅读

1. 杰弗里·戈勒姆:《人人都该懂的科学哲学》,石雨晴译,杭州:浙江人民出版社,2019年。

2. 郦全民:《当代科学认知的结构》,北京:科学出版社,2021年。

技术

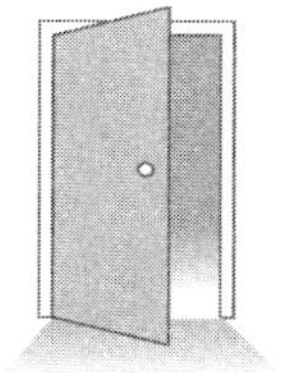

现代科学技术的方法与伦理反思

徐　竹/文

哲学有时也被称作“科学之科学”，这虽不免有夸大哲学意义之嫌，但也揭示了哲学与科学之间有着连续的、不可分割的关系。从源头上说，古代哲学的历史同时也是理论科学演进的历史。古希腊哲学的先贤如泰勒斯、毕达哥拉斯以及柏拉图等，其思想不仅仅是在今天的哲学学科中得到传承。更确切地说，整个理论科学都是在延续由他们开启的绵延两千多年的精神传统。亚里士多德所研究的“第一哲学”被后人编纂在他的《物理学》之后，于是就被称为“形而上学”（meta-physics）。因此，形而上学与物理学之间从字面上就有着天然的联系，这在现代科学的背景下也依然成立：理论物理学一方面探索宇观尺度的时空意义，另一方面又深入各种基本粒子至于夸克，这些同时也是在追问“究竟何物存在”的形而上学谜题。

然而，时至今日，哲学毕竟不再是“科学之科学”，哲学与自然科学之间有了较为明确的专业分工。这一分工通常以“科学家”（scientist）的概念出现为标志，而那已经是19世纪发生的事情了。在此之前，像牛顿、麦克斯韦等在今天看来如假包换的科学家，也都自认为是“自然哲学家”（natural philosopher）。

当然，哲学与自然科学的分工并不是突然发生的、一蹴而就的，至少从17世纪科学革命开始就已经在逐步演变了。在这个过程中，哲学自身也经历了一个自我调适的过程：一方面需要在与自然科学分工之后厘清自己的学科意义与边界，另一方面更需要重新确立哲学与科学的新型关系：面对已经独立发展并且取得了巨大成功的现代科学技术，哲学还能就哪些议题提供独特的、有价值的思考？

在今天的哲学学科中，"科学技术哲学"（philosophy of science and technology）就是讨论、回答上述议题的专门领域。概括来说，有两类与科学相关的思考仍然是哲学致力于提供思想的方向。一是对科学方法的反思：什么是好的科学研究？有哪些共同的、一般的方法、规则能够帮助科学家做出好的成果？二是对科学技术的伦理反思：科学研究有没有伦理上的蕴涵？是否应该受到伦理规范的制约？这两方面的思考提供了当代哲学与科学之间继续保持连续性关系的重要纽带。接下来的三个小节，我们将首先从两个方面具体展开对科学方法的反思，然后再集中关注对科学技术的伦理反思。

一、实证方法与"小心求证"的精神

日常生活中我们会使用到两类不同意义的推理。一类在给我们新知识的同时，又带来了极大的不确定性。例如，我从"看过的所有天鹅都是白的"，推理说"所有天鹅都是白的"。显然，不论我看过的是一千只还是一万只天鹅，我都无法确切地保证"所有的"天鹅都是白的；但也正是因为这样，如果我推理的结论是真的话，它的确为我提供了新的知识，即“所有天鹅都是白的”是我以前所不知道的东西。另一类具有无比可靠的确定性，然而却不能给我们带来新知识。例如，我从“人总归是要死的”和“苏格拉底是人”，推论说“苏格拉底总归是要死的”。这个推理是无比可靠的，只要前提为真，结论就肯定是真的。但它不能提供什么新知识：“苏格拉底总归是要死的”这个结论，其实早已经隐含在我接受的那两个前提里，而推理只不过是把隐含的结论公之于众，并不是什么新鲜的内容。

这两类推理分别就是归纳推理和演绎推理。归纳推理不能由前提来保证结论为真，但有可能提供新知识；演绎推理能够由前提保证结论为真，却不能提供任何新知识。这样两个看似平淡无奇的论断，却与科学在近代早期的革命性发展有着密切的联系。

在哲学-科学连续发展的古代，演绎推理的成就首要来自于亚里士多德的贡献。像我们刚刚提到的那个“苏格拉底总归是要死的”推理，就是亚里士多德提出的典型三段论形式。直到 1500 多年后的中世纪，欧洲科学家和哲学家仍然信奉亚里士多德提出的这一套，尊奉其为古往今来最伟大的科学家，而其他研究都不过是亚里士多德观点的推论、发挥或注解。

然而，英国哲学家弗兰西斯·培根却对此很不满意，因为演绎推理尽管可靠，却不能提供任何新的知识，而培根认为哲学-科学的根本任务应该是要拓展新知，不能停留在大师们的鸿篇巨著上皓首穷经。由此，培根转而强调归纳法对科学的重要意义，这成为近代科学革命的先声。培根认为，科学研究首先要做的就是尽可能充分地掌握经验资料。如果人们对某个领域尚没有任何经验，其所谓的“可靠推理”也不过是流于主观的臆想，算不得真正的知识。只有在充分掌握经验资料的基础上，科学家才能通过归纳推理获得以前所不知道的新内容。在这一观念的号召下，一大批经验科学——例如植物学、地质学、电磁学、化学等，获得了长足的发展，科学史家将这些以观察、记录和归纳为主的学科统称为“培根科学”。

然而，归纳推理的弱点也非常明显，就是它只能由证据对结论给出或然性的支持，而不能是确定的推断。这个“或然性”为人类的知识状态带来巨大的风险。英国哲学家伯特兰·罗素设想了一个“爱归纳的火鸡”的例子，用以展现归纳推理的不确定性风险。假设有一只火鸡非常爱用归纳法，每天固定地观察主人的各种行为，比如几点钟开笼子门，几点钟喂食，几点钟关门，等等。通过日积月累的观察记录，像培根科学所做的那样，这只爱归纳的火鸡真的发现了几条不变的“规律”，它反复验证这些“规律”，也的确是可靠的。但这只火鸡并不知道，今天已经是感恩节了，当主人还像往常一样按时打开笼子时，火鸡以为是来给它喂食的，但这次主人却是把它做成了一顿感恩节的大餐。

这个假想的例子表明，如果我们沉溺在归纳法的运用之中，而不能解决不确定性的风险，那么整个人类的认知水平也许并不比那只爱归纳的火鸡高明多少。因为极有可能的是，重要的事情并没有进入到被观察、记录的视野中，而归纳得来的结论却不能反映世界的真实情况。

观察的数据往往有可能是误导性的。我们自以为掌握了真实的数据，但对数据的表面解释却有可能引出非常错误的结论。例如人们发现，在体重偏低的新生儿中，来自不吸烟孕妇的婴儿存活率要比来自吸烟孕妇的婴儿存活率低，那么这是表明吸烟对婴儿存活率有正面的、积极的作用吗？表面上看似乎是这样，但这与我们的常识直觉相悖。进一步的研究发现，这种表面的解释忽略了一个关键的问题：在母亲吸烟的情况下，产生体重偏低婴儿的概率本来就比较高。相比较来说，不吸烟的孕妇如果生出来的婴儿体重偏低，那么极有可能是这个婴儿原本就患有先天性的疾病，它的存活率本来就比健康的婴儿低。所以，仅仅以吸烟孕妇与不吸烟孕妇来对比，并不能简单地得出“吸烟有利于婴儿存活”的结论。

这个例子表明，变量间的相关性与因果关系是科学研究中的一对矛盾。两个或多个变量之间的相关性是由统计数据得出的，它是归纳推理所直接应用的对象。但科学研究的真正目标是发现两者之间的因果关系，这却是一件非常不容易的事情，因为有统计相关性的两个变量并不一定是原因和结果的关系。问题在于，统计数据选取的角度本身就有可能掩盖了真实发生的因果过程，而由此得到的变量相关性也就不能简单地作为两者之间有因果关系的证据。这其实也更具体地表明，为什么归纳推理只能得出或然性的结论，以及为什么存在着并不能反映世界真实情况的风险。

但是，我们人类认知者毕竟不是“爱归纳的火鸡”。虽然我们尚不能说完全克服了归纳推理的不确定性风险，但是科学家们的确探索出了很多行之有效的途径，来把这样的风险降到最低。一个非常重要的理由是，与“爱归纳的火鸡”不同，我们的科学家在运用归纳推理的时候，并不是做简单的观察、记录的工作，而是能够主动地提出所要验证的结论假说。科学假说就是在事实基础和理论背景下，对现象的本质或原因作出的合理猜想，并且能够由此预测未知的现象。所以，科学中实际运用的归纳过程并不是漫无目的地搜集资料进而得出一般的规律，而是非常明确地朝着提出假说、验证假说的方向去搜集证据，并检验这个被提出的假说是否能够作出有效的预测。

在科学方法的讨论里被拿来分析的一个经典案例就是“产褥热病因的发现”。在 1844—1848 年间，对在维也纳总医院分娩的大部分产妇来说，产褥热是一种非常严重且致命的疾病。其中第一产科病房因产褥热而造成的死亡，相较第二产科病房要多得多，而两个病房收住几乎一样多的产妇。面对这种情况，当时的医生塞麦尔维斯（I. Semmelweis，1818—1865）注意到，他的一位男同事在尸体解剖时划破了手指，最终也死于和产褥热同样的症状。这促使他注意到另一个事实：第一产科病房的护理是由医科实习生做的，他们需要上尸体解剖课，而第二产科病房由助产士护理，他们并没有额外的尸体解剖课程。于是塞麦尔维斯提出新的假说：产褥热是由医科学生在解剖训练之后携带的“尸体物质”感染给产妇而造成的。他进而要求所有医科学生在给孕妇做产检之前必须用漂白液洗手，很快第一病房的产褥热感染率就下降到与第二病房相同的水平。这就验证了假说的正确性。

产褥热病因的发现揭示了归纳方法如何在实际的科学研究中发挥至关重要的作用。研究者必须提出明确的假说，设置能够相互对照的实验情境，尽可能避免主观人为的因素影响对实验结果的判断。在这些前提下运用归纳推理验证科学假说，才是科学家实际采用的实证方法。运用实证方法的科学活动也被称为“实证科学”。今天，很多实证科学的例子就发生在我们身边。新冠肺炎疫情爆发以来，科学家们为了寻找对症有效的药物，要进行多轮的临床试验。这些药物试验研究必须是“双盲的”，设置与真实给药相对的、实际上仅提供“安慰剂”的对照组，以便能够从试验结果中排除“安慰剂效应”。这些都是能避免归纳不确定性风险、提高结论可靠性的实证方法。

胡适：大胆假设、小心求证

一言以蔽之，实证科学的精神，就是胡适先生曾经倡导的，“大胆假设、小心求证”的精神。之所以要“小心求证”，就是因为正像我们看到的那样，必须小心表面化解释数据带来的误导性，要更加谨慎地规避归纳推理的或然性、不确定性风险。

二、证伪方法与批判性的创新思维

毋庸讳言，即便我们坚守实证科学的精神，坚持“大胆假设、小心求证”的原则，我们也还是不可能完全消除归纳推理的不确定性。这一风险是由归纳法的本质所决定的。通过设置双盲、对照组和排除安慰剂效应等环节，我们的确可以提高新冠肺炎研究结论的可靠性，但这并不意味着能够完全避免证据与结论之间的“或然性”风险。换句话说，人类仍然有可能并不比那只“爱归纳的火鸡”高明多少。

归纳法的这种本质上的不确定性，在哲学史上也被称为“休谟问题”。英国哲学家大卫·休谟是对这一问题作出深入细致讨论的代表。休谟指出，人类经验得到的相关性并不等于因果关系。如果你看到两只小球撞到一起，那么所有能看到的、有把握作出的判断，仅仅是关于“两只小球的相互碰撞”与“小球的运动改变方向”这样两个在时间和空间上连续的事实，而并不能由此确定地说“碰撞是导致小球运动方向改变的原因”——那个将两个事实联结起来的“必然导致”恰恰是经验观察中看不到的东西。当然，如果我们对这两类事实之间的前后相续有丰富的经验，比如我们多做几次重复的实验，因而不只一次地确认小球碰撞后改变了运动方向，那么归纳推理的确会导向两者之间有因果关系的结论。但必须承认，这种归纳出来的结论仍然有可能不准确，它受到经验证据的支持因而只能是或然性的，我们并不能确保下一次的经验仍然支持相同的结论。

所以，休谟认识到，要想从根本上克服归纳推理的那种不确定性，就得证明这样一个重要的前提：“基于经验观察的在过去已经成立的结论，未来仍然会成立。”这就是“自然的齐一性”原则。顾名思义，它就是断言整个自然界的经验规律是稳定不变的，所以我们可以用以往的经验事实来归纳地推知未来。在休谟看来，只要我们能证明自然界的规律是齐一的，那么归纳推理的结论就会是可靠的，不存在像“爱归纳的火鸡”那样的不确定性风险。

然而，我们不论用什么推理，都无法从理性上证明这种“自然的齐一性”。道理显而易见：人们所用的推理方法要么是演绎的，要么是归纳的。首先，归纳法不可能证明“自然的齐一性”，因为它本身就已经预设了这个原则，如果再反过来用归纳法论证这一点，无异于循环论证，是无效的。所以，唯一的希望在于演绎的推理。休谟考察了类似“苏格拉底总归是要死的”那样的三段论形式，试图从这样的形式中把“自然的齐一性”原则作为结论推出来。但他表明，无论我们怎样设计三段论的具体形式，都无法摆脱把“自然的齐一性”的某个替换形式设为大前提。因此，尽管我们似乎可以演绎得出这个原则，但我们仍不知道被设为大前提的那个论断本身是否成立，而这就又绕回了“自然的齐一性”本身是否成立的问题上。综上，休谟的悲观结论是，“自然的齐一性”原则对于归纳法而言，只能是一个不能被理性证明的必要前提。因其无法得证，所以归纳推理的可靠性就始终存疑。因此，休谟也被称为归纳知识上的怀疑论者。

休谟的怀疑论态度影响了很多人。如果休谟是正确的，人类永远无法从理性上证明归纳法的合理性，那么我们为什么还要求实证科学一定要采用归纳推理呢？这难道不是把科学置于风险之中吗？难道就不存在某个比归纳推理更好、更可靠的科学方法吗？

卡尔·波普尔是20世纪最伟大的科学哲学家之一，他出生于奥地利，学术生涯主要是在伦敦政治经济学院度过。他对归纳推理的思考就从休谟的观点出发，并且他还注意到一个很简单的事实：尽管经验证据用来归纳地“证实”某个一般结论会很困难，几乎不可能完全证实；但是，要想用反面的证据来“证伪”同样的结论，却非常容易。还以那个天鹅的例子来说，归纳法的困难在于，不论我们曾经看见过多少只白天鹅，对于要“证实”“所有天鹅都是白的”这件事而言，那始终是不够的；但是反过来想：如果我们现在想要做的不是证实而是“证伪”，即想办法证明“所有天鹅都是白的”为假，那么所需要的经验证据却完全在能力范围之内——只要我们看见有一只黑天鹅，那么就足够证伪上述命题了。

毫无疑问，科学是追求真理的活动，但科学的探究过程中却常常充满着错误。当我们粗略地描述科学史的时候，我们容易把科学发展的历程美化为从一个真理走向下一个真理的完美进步。但这样的完美描述仅存在于书本上。只要回到科学家卷起袖子工作的粗糙地面，我们就会发现，科学探究的每一步都存在大量的走向错误的机会。更现实一点说，科学之所以能发现真理，恰恰在于它能勇于面对这些走向错误的可能，提醒自己要不断地修正错误，不断地证伪以前作出的虚假论断，从而才能够不断地逼近真理。

波普尔指出，这种对科学的认识要比坚守实证方法和归纳推理的立场深刻得多，因为它提示了科学知识的一个非常重要的特征：科学必须是“可证伪的”。换句话说，科学家总是承认自己的主张有可能是错的，甚至会证明自己的主张在哪些方面出错了，而不是努力地证明自己的正确。这样听起来似乎会和很多人对科学的理解大不相同。不过波普尔强调说，只要我们想一想科学的反面——伪科学，我们就可以理解为什么“可证伪性”的特征对科学来说如此重要，因为伪科学的东西从来都是“不可证伪的”，即原则上就排除了自己会出错的可能性。

占星术、算命先生的预言，通常被视作“伪科学”的代表。我们或许会有这样的体会：如果你觉得占星术的算命预言对自己特别准，说的就好像是自己的事情，那么客观冷静地反思一下，你就会发现，那不过是因为这些所谓的“预言”并没有真的作出有信息含量的判断——它们大都是一些非常模棱两可的话，存在很强的解释弹性，以至于不同的人看到以后都会从自己的角度理解为是非常准确地预测了自己。这样的“预言”就是不可证伪的。因为无论挑战者提出怎样的反面证据，原则上说，那些模棱两可的话都可以通过变换解释的策略，而把自己解释为是证据所支持的东西，或者至少避开了证据的反驳力量。因此，原则上说，对于这样一些伪科学的表述，经验证据原则上就只剩下了“支持、支持再支持”的份儿，而丧失了证明它们为假的可能性。恰恰是在这一点上，波普尔指出，“只能被证实”并不是这些占卜预言的长处，而正是其非科学的特征。

科学家对待自己作出的预测的态度显然与占星术士、算命先生大不相同。他们不仅会谨慎地意识到自己的预测很可能为假，甚至还可能努力地证明自己出错了——这并不是单纯地想否定自我，更重要的是，只有通过这样一个修正错误的过程，科学才能更进一步地靠近真理。之所以说这是一条唯一的合理路径，是因为在波普尔看来，我们面对的是一个巨大的未知世界。为了尽可能找到机会去解释和理解世界，最合理的方法程序就是试错法：一方面大胆地提出理论猜想，另一方面竭尽所能地表明它们在哪里出错了。如果我们找到了错误，就修正它，提出新的猜想，再去寻找新的可能错误；如果我们没有找出哪里错了，那么我们就暂且接受它——这不同于完全“证实”了这个理论，而只不过是试探地接受这个猜想，等待未来出现新的证据与新的反驳。

所以，波普尔倡导的是科学的证伪方法。在证伪主义者看来，科学理论永远不可能被证实，但一定可以被证伪，那是或早或晚会发生的事情。通过证伪的方法，我们就可以规避归纳推理所产生的不确定性风险——此时科学家所采用的根本不是归纳推理，而是猜想加反驳的试错过程。因此，证伪的科学方法就特别强调，科学的探究活动需要保持批判性的创新思维。如果原有的猜想被证伪，找到了反面的证据，那么科学家就必须敢于跳出原来的思维定势，提出新的猜想。这就是批判性思维的具体体现。从这个意义上说，科学所需要的并不只是小心求证的精神，更需要批判的和创新的精神，两者结合才能实现对真理的探求。

三、现代科学技术的伦理蕴涵

如果求真是科学的目标，那么“求力”就是技术的特别是现代技术发展的追求。文艺复兴时期，培根以他振聋发聩的名言召唤了现代世界的到来：“知识就是力量。”19 世纪下半叶以来，特别是第二次世界大战结束以后，现代科学与技术的联系越来越紧密，任何基础科学上的理论突破都不免或早或晚地推动技术和产业上的颠覆性创新。例如，今天的人们对于用手机上互联网习以为常，但不论是移动通讯技术还是互联网技术，追根溯源地看，都建立在 20 世纪初物理学革命以来的理论成果上。基于现代科学与技术的这样一种紧密的联系，我们甚至也可以有把握地断言，今天科学研究的目标也不仅仅是“求真”，同时也是像技术一样“求力”，不断地提供改善人类既有生活方式的可能性。

尽管科学技术可以让我们的生活变得更美好，但这并不意味着科学技术有任何伦理意义。相反，长期以来，哲学家们大都相信科学技术并不会涉及任何价值——即“价值无涉”论。德国哲学家雅斯贝尔斯说：“技术仅是一种手段，它本身并无善恶。一切取决于人从中造出什么，它为什么目的而服务于人，人将其置于什么条件之下。”通俗地说，我们也可以将这种观点称作“菜刀论”：菜刀本身无所谓是用来切菜还是用来杀人，因为真正杀人的并不是菜刀，而是手拿菜刀的那个人。如果现代科学技术就像一把菜刀一样，仅仅有工具性的意义，它的伦理上的善恶评价仅仅来自于使用工具的人，那么当然科学技术就是价值无涉、善恶中立的。但问题在于，“菜刀论”能适用于对所有科技成果的评价吗？科学技术真的像菜刀一样仅是工具而已吗？

我们很容易想到，有些技术发展的目的导向是高度限定的，即有可能就是为了负面的价值而发展。如果说核能技术还可以有正反两方面的价值的话，那么原子弹技术基本就是为了更有效率地制造对人类的杀伤性后果而发展的：你很难说更快、更大量地消耗平民的生命是一把善恶中立的“菜刀”。除此以外，还有的技术虽然也有正面价值，但其潜在的危险可能更大，甚至有可能抵消其正面的价值。在当今的互联网生活中，隐私保护与技术便利之间的矛盾遍布于你能想象得到的日常情境。网上购物、订外卖方便快捷，但我们的消费偏好也因此会被大数据记录下来；出门买东西时可以刷脸支付，方便到连手机都不用掏出来，但也因此我们不得不在摄像头面前“验明正身”。还有的商家声称，为了享受技术带来的便利与效率，人们应该会愿意用隐私来交换——这样的“交易”是否划算，恐怕真的很难算得清楚。

科学技术的负面效应是客观存在的，我们常说“科学技术是一把双刃剑”，这个隐喻就是承认有的技术后果是我们无力负担的。但这并不能否定“菜刀论”，因为我们同时也很可能相信，科学技术的这些负面后果或局限性，只有通过不断发展和完善技术的方式才可能解决。例如，我们可以承认，现阶段移动互联网技术在保护个人隐私方面还有诸多不足，但随着技术自身的改进与迭代，有理由相信它在保护隐私方面会做得越来越好。既然如此，就不能把善恶的伦理评价归之于技术本身——技术就其自身而言仍然是价值无涉的。

在科学技术哲学的视野中，我们把主张这种观点的立场称为“唯科学主义”（Scientism），它具体说来有两方面的内涵：一是科学技术的万能论：人们对科学技术的发展不需要也不应该作任何限制，因为即便科学技术有自己的问题，也只能由它自己的发展来解决，而不应以此作为限制某一领域科学技术发展的理由；二是社会进步的技术决定论：之所以不应该限制科学技术的自由发展，是因为科学技术才是社会进步的真正决定性因素。文化、价值观这些精神财富有着不可消除的多元性，没有哪一种文化和价值观念能普遍适用于全人类；但是，科学技术的进步却是值得人类普遍追求的目标，并且依靠科学技术的进步，人类的生活注定也会随之越来越美好。

必须指出，如果唯科学主义是对的，那么任何试图对科学技术的发展作伦理评价或规范的努力都将是不必要的。因为按照这种观点，科学技术的发展自然地就会解决一切局限性，自然地就会导向为人类良善目标服务的结果。然而，我们已经看到，现代科学技术的发展反倒是越来越展现出伦理思考的必要性与迫切性。人工智能的未知风险、基因编辑婴儿的诞生，乃至新冠病毒疫苗的临床实验，等等，科技伦理的审查与监督都不能缺位于其中。这就已经从反面表明，立足于对科学技术的哲学反思，越来越多的人相信唯科学主义是错误的。

那么它究竟错在何处？简单地说，“菜刀论”和唯科学主义都预设了一个前提，那就是“技术发展的路径归根到底是由人来决定的”。技术本身无所谓内在的发展方向，是发展技术的科学家和工程师给了它方向。既然人类可以完全决定技术的发展路径，那么当然也就可以按照人类的良善意愿来选择发展那些让生活更美好的技术。

但不幸的是，恰恰是这个前提很有可能不成立。我们从科学技术的发展史上不止一次地得到这样的教训：一旦某个技术被发明出来，其后续的发展有可能完全超出发明者的预料，更不是人们所能完全控制的。与其说技术的发展路径完全由人来决定，倒不如坦率地承认，技术其实从来都是在按照自己的内在逻辑发展，人们的选择往往只是这种技术的内在逻辑的具体体现。所以，人与技术的关系并不是主人与工具的关系，好像我手里拿一把菜刀就可以随心所欲地切菜那样。实际上，技术更像一头怪兽，人类必须小心地驯化它，监督它长大，用伦理的原则去规训它，才能使其不至于造成不可逆的人伦悲剧。

在技术由它自己的发展而造成不可逆的风险方面，人类有着惨痛的教训。苏联的切尔诺贝利核电站爆炸事故，当时即造成严重的环境影响，更导致其后的一段时期，婴儿出生畸形率显著上升。2018 年 11 月 26 日，南方科技大学副教授贺建奎宣布一对基因编辑婴儿健康诞生，经过基因修改后，这对双胞胎天然免除了感染 HIV 病毒的可能性。这引起了轩然大波，贺建奎本人也最后承担了刑事责任。可以想见，基因编辑带来的非自然的未知后果将影响这对双胞胎一生甚至其后代，这对她们而言是一个不可逆的技术风险。

所以，科学技术需要伦理的监督与规范，因为它们并不完全是价值无涉的，我们也不能指望仅凭技术的自由发展就能自

切尔诺贝利核电站

然地克服其局限性。主张科学技术有伦理蕴涵，并不是以陈旧的道德规范去限制科技的自由发展，而是要让科学技术的最新进展与当下的社会环境相适应，缓解科学技术的迅猛发展给社会造成的冲击，并且相应地提出某些与时俱进的新伦理规范，促进科学技术的可持续发展。这既是现代科学技术必须面对的新使命，同时更是对科学技术的哲学反思的意义所在。

四、结　　语

我们从现代科学技术的“方法反思”和“伦理反思”两个

方面，重新界定了科学与哲学在当代世界中的可能的联结。相对而言，“方法反思”是比较内在的，它试图回答的是科学家如何展开科学探究的问题。粗略地看，我们可以在哲学上将科学方法概括为证实的与证伪的方法。这意味着完整的科学精神既包括“小心求证”的精神，也需要有批判性的创新精神。而“伦理反思”则相对外在，它针对的是科学技术的自由发展是否应该以及如何受到伦理规范的问题。具体地说，科学技术有着不容忽视的伦理蕴涵，我们不应视其为完全善恶中立的纯粹工具，而应当努力促使科学技术的发展与当下社会伦理的可接受程度相适应。

当代的科学技术哲学正是从“方法反思”和“伦理反思”这两个方面重塑科学与哲学的联系。我们既需要让人性的目标通过科学技术的发展而实现，也需要让科学技术以更符合人性的方式发展。只有在科学与哲学之间建立新的连续体，才能让人性的东西更科学，让科学的东西更人性。

一起思考

1. 证实与证伪的方法是否只能相互独立？有无可能将两者整合起来，展现更普遍的科学方法的本质？

2. 如何确立科学技术发展的伦理规范？如何让这些规范既能避免技术自由发展的不可逆风险，同时又不至于对这种自由发展加以不合理的限制与束缚？

3. 从对科学方法、科学精神和科技伦理的讨论来看，文理学科之间、科学与人文之间究竟应该是怎样的关系？

推荐阅读

1. A. F. 查尔默斯：《科学究竟是什么？（增订本）》，北京：商务印书馆，2018 年。

2. 吴国盛：《科学的历程（全新修订版）》，长沙：湖南科学技术出版社，2018 年。

3. 麦克莱伦第三、哈罗德·多恩：《世界科学技术通史》，上海：上海科技教育出版社，2012 年。

4. 邱仁宗：《生命伦理学》，北京：中国人民大学出版社，2010 年。

基因增强技术的是与非

蔡　蓁/文

人类一直以来就对增强自身能力有着浓厚的兴趣。我们锻炼身体，保持健康的生活方式以促进生理机能的发展；接受教育和各种专门的培训以提升自己的智力水平和社会生存能力。而在这些致力于自我功能提升和增强的活动中，科学技术一直扮演着重要角色，例如旨在延长寿命的古代炼丹术、为了提升免疫力的现代疫苗、改善外貌的整容术、增强肌肉组织的运动器械，等等，都已在我们的生活中广为应用。但相对来说，通过生物医学手段来提高人类机能则是一种新生的途径。例如，同以往通过大量的“实战训练”以培养稳定的心理素质不同，现在美国的大中学生们已经开始采用“利他能”一类的安非他命药物来提升考试时的专注力；与通过补充营养加强锻炼以增长身高的传统方式不同，现在人们可以通过注射生长荷尔蒙不费力地长得更高或使肌肉力量更强。正如美国生物伦理委员会在近年来的一份报告中指出的那样，生物医学技术的发展为增强人类功能提供了日益增多的可能性。而这些增强手段在道德上是否具有合理性也引发了极大的争议。作为一种生物医学技术，它们是不是应该更优先地致力于治疗疾病而不是增强本来就正常的功能？而通过这种方式增强功能，是否会使自我发展过分依赖于外在的技术手段，个人的奋斗与努力则变得不再重要？进而，这些增强技术的运用是不是也会加剧社会不公？

一、什么是基因增强？

基因增强技术是基因干预的一种形式。当前的基因研究已经表明一些基因因素极大地影响着甚至是决定着许多人类的表现型特征，比如身高、体型、智力，甚至性取向和性格（如反社会型人格），等等。而发现了支配这些功能和特征的基因也就进一步引发科学家们试图去修正甚至改变这些基因，这就是基因干预的尝试。

在对基因干预的伦理讨论中有两个重要的区分被人们经常提到。一个是对针对体细胞的基因干预和针对生殖细胞的基因干预的区分。前者通常只是影响接受这种干预的个体，而后者则有可能影响到后代，因此关涉到对未来人类的责任问题。另一个是对基因治疗和基因增强的区分。前者的目的在于治疗疾病。由于研究表明遗传因素在许多疾病的形成中扮演着重要角色，例如乳腺癌、糖尿病和一些精神疾病，因此，发现并修正相应的基因也为治疗这些疾病开辟了道路。而一些科学家预测，这些最初是为了治疗疾病的基因干预技术最终也可以被用来增强一个健康人的功能。如果将这两种区分排列组合，我们可以得出四种类型的基因干预，即体细胞基因治疗、生殖细胞基因治疗、体细胞基因增强和生殖细胞基因增强。就这四种形式在道德上的可接受性来说，有许多人都支持体细胞基因治疗，也有人支持生殖细胞基因治疗；而无论是哪种形式的基因增强，支持者都寥寥无几。而为了探究其原因，我们有必要首先指明基因增强可能涵盖的范畴及旨在实现的目的。

基因增强技术和其他类型的生物医学增强技术一样，都是旨在把人类形式和功能提升到维持或恢复健康所必要的程度之上。而就增强技术的现状和未来的发展方向而言，它至少包括了四个方面的目的：首先是增强人类的生理功能，如扩大肌肉组织、增强耐力、减缓衰老，等等；其次是增强人类的心智功能，如提高记忆力和认知能力，增进想象力和多维思考的能力；进而是增强人类的心理功能，包括提高社交能力、增进外向型人格；最后甚至是增强人类的道德属性，如控制暴力行为、促进友善并提升同情的能力，等等。而具体来说，基因增强技术就是通过直接改变在人体中已经存在的基因的表达，或者通过在人体中加入以前没有的基因，来实现以上增强的目的。这包括体细胞核移植技术、体细胞和生殖细胞基因转移技术、制造人兽嵌合体、运用遗传学知识制造药物，等等。

就这些技术的发展现状而言，由于当前的基因研究只是破解了极小一部分的人类基因，因此事实上正在应用的基因增强技术是非常有限的。即便随着研究的深入，鉴于生物组织的复杂性和人类的发展，某些形式的基因增强可能还是无法实现。但是公众对通过基因干预来提高人类功能仍旧充满了热情，而科学家们也致力于探索人类基因并发现改进基因的可能策略。毕竟，这些今天看来只是尝试性的探索有可能在未来产生出事实上的基因增强技术。因此即便基因增强在我们的社会中还不是一种广泛可用的技术，但其社会及伦理意义还是得到了广泛的关注和讨论。

二、基因增强与基因治疗可以截然分开吗?

基因增强技术的反对者通常会将基因增强与基因治疗进行对比，来揭示前者所要服务的目的是有问题的。其中的道理通常是这样的：基因治疗的目的在于治疗人类疾病，而疾病不仅制造痛苦更是损害了一个人正常的功能，使他无法在社会生活中享有本来向他开放的平等机会，因此，恢复受损的功能既是减轻人类痛苦又促进了社会公平，这些都是在道德上合理的目的，由此基因治疗这种技术手段在道德上也是可以接受的。而基因增强的目的则在于把人类功能提升到正常水平之上，它首先缺乏医疗上的必要性，其次也有可能进一步服务于一些不正当的目的，如纳粹式的“优生学”计划、助长基因歧视，等等，因此基因增强技术在道德上是不能接受的。而基因治疗技术的先驱者，美国著名的遗传学家和分子生物学家安德森（W. French Anderson）也这样说道：

基于医学和伦理的理由，我们应该划出一条界线把任何形式的增强工程都排除在外。我们不应该僭越这条将治疗和增强区分开来的界线。①

在这个说法中，有两个关键性的预设：第一，疾病和健康是有明确界限的，进而治疗和增强也是可以明确区分开来的；第二，服务于医疗目的的基因干预手段才是道德上可接受的，而医疗之外的目的则是道德上有问题的。但是，这两个预设是

① W. French Anderson, “Genetics and Human Malleability”, *Hastings Center Report* 1990, 20 (1): 24.

否真的成立呢?

我们首先来看预设一。就如何定义疾病和健康而言，安德森采用了纯粹生物学的进路，即我们可以只是基于人类生物学中的基本事实来描述健康和疾病的状态。如波尔斯（Christopher Boorse）就认为疾病就是有机体的功能性能力被降低到该物种典型地具有的水平之下的状态，而健康则代表了功能的正常，此处的正常是指从统计学的角度上看一个物种所典型具备的能力水平。在这个基础上，丹尼尔斯（Norman Daniels）进一步诉诸自然选择来解释正常的功能，即这些功能性的能力和特质是由于它们有助于一个物种的繁衍和生存而存在于这个物种当中的。也就是说，我们可以根据一个物种典型所具有的功能来客观地区分健康与疾病。

但是这个观点面临的一个严重挑战就是：所谓正常的功能以及健康与疾病的概念并非是纯粹描述性的概念，对它们的定义在很大程度上是相对于社会习俗、文化观念，甚至是道德规范的。这意味着一个人即便从生物学意义上来说偏离了人类所具有的典型功能，但是只要这种偏离符合社会规约和价值，他就仍旧可以被认为是健康的。例如，同性恋从自然选择的角度来看似乎偏离了人类的典型功能；而在古希腊，男性间的同性恋为社会广泛接受，没有人将其视为一种不正常；在一些天主教国家，出于宗教信仰的原因，同性恋则被视为一种性心理上的疾病。再如，精神分裂症在现代社会中被视为一种精神疾病，但是在一些原始部落或者是信奉巫术的团体当中，具有这种特质的人则会被视为是“通灵者”。与此类似，正是因为现代社会崇尚开朗外向和身材高大，才使得害羞被称为社交恐惧症，而身材矮小也被定义为是不太正常的，甚至是一种需要治疗的疾病。而我们完全可以设想，在一个有着不同价值观的社会中，害羞或者内向甚至是侏儒都是再正常不过的事情。也就是说，对正常功能的规定以及健康与疾病之间的划分并非完全是从生物学角度作出的，而是很大程度上相对于我们的社会规约和价值观念而定的。

既然我们很难在健康和疾病之间作出一个客观的、清晰明确的区分，那么针对疾病的基因治疗和针对健康人的基因增强之间的界限也就随之变得模糊。要在二者之间划出明确的界限的确存在着一些困难情形和灰色地带。丹尼尔斯就提出了一个经典案例：在居民身材普遍高大的美国，一个小男孩由于脑肿瘤而导致生长荷尔蒙不足，因此即便他的父母在平均身高之上，他成年后的身高据预测仍不到 160 厘米；而另外一个同样年龄的小男孩，他的父母非常矮小，这使得他成年后的身高据预测也不超过 160 厘米。如果从社会文化的角度来看，这两人未来的身高在他们所处的社会中都是不太正常，也是处于劣势的，如果对他们施行生长荷尔蒙补充术，就可以算作是治疗行为。但是如果从生物功能的角度来说，前者的矮小是由于功能失调造成的，给他补充生长荷尔蒙就是一种治疗行为，而后者的矮小是由于他的基因型造成的，同样是给他补充生长荷尔蒙，就变成了一种增强行为。从这个实例我们看出，要像安德森所设想的那样在基因治疗和增强之间划出一条不可逾越的界限几乎是不可能做到的。

但是也有人，例如格兰农（Walter Glannon）就提出，虽然在治疗和增强之间作出区分可能是困难的，我们还是可以通过尽可能宽松而具体地来定义正常的功能，在健康和疾病、治疗与增强之间作出一个相对的区分。比如，一个患有严重贫血症的儿童有着骨骼畸形和心脏衰竭的风险，在这种情况下对他进行基因干预以提升他的血红蛋白水平是一种治疗；与此相对，一个轻微贫血，血红蛋白水平只是略低于平均水平的运动员为了在竞争中取得优势地位而想大幅度提高血红蛋白水平则应被看成是一种增强。前者是把人的功能恢复到相对正常的水平，从而使一个人有能力享受到社会提供给每个公民的平等的机会，而这也正是医学的目的；后者则是要把如果不加干预也是相对正常的功能显著增强，这显然是超出了医学的范围，在一个公平的医疗体系中是不应被提倡的。

这也就引出了我们对第二个预设的探讨，即基因增强与医疗的目的之间的关系问题。对此，有两个问题是值得我们进一步追问的：首先，基因增强是否与医疗的目的不相容？其次，不符合医疗的目的是否就意味着这种技术本身在道德上就是不可接受的？

三、基因增强与医疗的目的

基因增强技术的反对者们经常提到的一点就是这种技术超出了医疗的范围。但是医学的目的究竟是什么，本身并不是一个容易回答的问题，因为现代医学显然并不仅仅旨在治疗疾病，减轻痛苦，而是也服务于一些其他的目的，包括预防疾病，促进人类健康和幸福。而有一些按照刚才的定义应该被归为基因增强的技术也可以起到预防疾病和促进健康的作用。例如，我们可以通过基因干预的方式强化或提升人体的免疫力从而更好地对抗疾病。尤其是在癌症治疗方面，一些已经被分离出来的基因具有增强免疫系统从而消除癌细胞的潜能。科学家已经尝试将肿瘤坏死因子（tumor necrosis factor，简称 TNF）基因植入 T 淋巴细胞，以期增强 T 淋巴细胞杀死肿瘤的能力，或者将 TNF 基因植入肿瘤细胞以期诱导更为有力的免疫反应以对抗肿瘤。如果说我们能接受给健康的人体注射乙肝疫苗或小儿麻痹症疫苗是在医学的范畴之内，那么我们有什么理由拒斥提升免疫力的基因增强技术呢？也就是说，事实上某些形式的基因增强也能够服务于医疗的目的，仅仅因为这种技术是要把人类功能提升到正常水平之上，由此并不具有医疗上的必要性和紧迫性就将其一般而论地排除出医疗的范畴是不恰当的。

不过必须承认的是，我们之前提到的诸种类型的基因增强技术中有很大一部分的确并不是出于医疗的目的。那么进一步的问题就是：为什么将基因技术运用于非医疗的目的就是不道德的呢？基因增强的反对者们往往会说，当这种技术用于非医疗的目的时，会产生两个不良后果：首先，基因增强会被用来谋求社会竞争中的优势地位，鉴于其昂贵的费用，它可能会给那些能够支付得起这些技术的人以不公平的优势，并因此使那些负担不起的人处于更为严重的劣势，由此加剧社会不公。其次，基因增强可以迅速提升人体功能，是一种走捷径的行为，威胁甚至取消了努力奋斗在人类实践中的价值。

就第一种可能的后果，即基因增强与社会公正的问题，我们至少可以作出两点回应。第一，基因增强并非是社会不公的始作俑者，即便这种技术并不存在，人类由自然因素和社会因素所导致的差异也会使得人们不可能完全平等地享受社会所提供的机会。第二，基因增强既可以用来提升优势者的功能从而加剧社会不公，也可以用来提升劣势者的功能，从而在一定程度上缩小他们与优势者之间的差距，也就是说，这种技术本身与社会不公并没有必然联系，关键问题在于我们是否有一套合理的分配制度保证人们可以公正地使用这种技术来提升自身能力。

就第二种可能的后果，人们担心的是：在没有技术干预的情况下，人们增强自身能力总是一个长期、艰辛的过程，而基因增强使得自我提升太过容易，这种走捷径的做法一方面会消解掉某些人类活动的意义，另一方面对人类所看重的一些品格和德性也是一种伤害。用神经科学家查特吉（Anjan Chatterjee）的话来说就是："伴随着痛苦的奋斗造就了品格，而消除这种痛苦则破坏了好的品格。"[①] 如果一个健美运动员只通过服用合成代谢类固醇就能增强肌肉，一个学生可以通过基因干预来提高智力水平从而在考试中取得好成绩，他们还有什么理由坚持艰苦的训练呢？而通过奋斗获得自我提升所必需的品格，如勇敢、节制、耐心、坚毅等也就无从培养。

面对这种担忧，首先必须承认的是对于某些形式的人类活动来说，基因增强的确会威胁到它们存在的价值和意义。这些实践活动所具有的特点是它们的价值和意义并不仅仅在于最后的成果和目的，而是在于实现目的的手段，或者更确切地说，在于目的与手段之间特定的关系。例如马拉松运动，这项运动的意义不在于到达终点本身，而在于究竟是以什么方式到达终点，如果不是依靠通过训练而提升的自然能力，而是以基因干预的方式获得了极快的奔跑速度和耐力，这种成就是缺乏内在价值的。但是值得注意的是这一类以体育竞技为代表的活动是有限的，并不是对于所有的人类活动而言，技术干预都会消解

① Anjan Chatterjee, "Cosmetic Neurology", *Neurology* 2004, 63: 968 - 974: 971.

掉它们的意义和价值。事实上，在很多人类活动中以快捷的方式实现目的反而会提升这些活动对于我们生活的价值。例如，驾驶汽车而不是步行对于交通这种活动而言并不是一种伤害，通过抑制“肥胖基因”来减肥对于一个工作繁忙的学者来说可以使他腾出更多的时间和精力从事他所看重的事业。也就是说，基因增强是否会威胁到人类活动的价值需要在具体的语境下考察其所要服务的目的，以及这种目的对一个人的生活所具有的价值。

其次，就基因增强会伤害品格的培养而言，我们必须注意到培养或实践一种德性的方式是多种多样的，当某种特定的模式被取消后，德性还是可以通过其他方式在生活的其他领域中得到培养。例如，一个肥胖者通过基因干预减轻了体重，与通过长期的运动和节食相比，他的确丧失了一个培养节制、坚毅的品格的机会，但是这并不意味着他在生活的其他领域中就不需要付出努力。我们也可以设想，一个大学生可以通过基因技术极大地提高他的智力水平，但是如果他选择把生活中的大部分时间用来玩电子游戏，那么他将还是不能取得任何严肃意义上的成功。因此，基因增强总是有其限度的，鉴于人类生活的复杂性和多样性，它并不能把奋斗和努力从人类活动中完全消除出去，而只是将它们重新定位在生活的其他领域中。

四、结　论

通过考察对基因增强技术在道德上的诸种疑议，我们可以看到，将基因治疗和基因增强严格区分开来，并将这种区分作为基因干预技术在道德上的分水岭是一种并不成功的尝试。进而，由于基因增强也可以用于预防疾病、提升人类健康，它亦可以有效地服务于医疗的目的。而对基因增强用于非医疗目的时可能产生的两个不良后果的分析也表明，这些不良后果，无论是在社会公正领域还是德性的培养方面，都与基因增强没有必然而直接的联系。因此，这种技术本身在道德上并不是需要拒斥的；而要考量某种具体的基因干预技术在道德上的可接受性，我们需要在具体的社会制度背景和个人生活的特定领域中，考察这种技术对人类的实践活动所起到的作用。

一起思考

1. 如果你的同学在高考前通过一项最新的生物医学技术手段，使得记忆力大幅提升，从而迅速记住了大量单词和公式，你认为通过这种方式在竞争中获得优势是可以被允许的吗?

2. 你认为一个田径运动员通过基因技术增强肌肉，提高爆发力是一种作弊行为吗？这和一个并不从事竞技体育的人运用同样的技术有何区别?

推荐阅读

迈克尔·桑德尔：《反对完美：科技与人性的正义之战》，黄慧慧译，北京：中信出版社，2013 年。

人工智能与人类未来

潘斌　赵雅君/文

自1956年诞生以来，人工智能依托数学、哲学、心理学、神经科学、计算机工程等众多学科与领域的研究成果不断发展，现已然成为科技浪潮变革的新引擎。在当下，人工智能与大数据、自然语言处理、脑科学等前沿技术紧密联系，并衍生出智能制造、自动驾驶、智慧教育、智慧医疗等行业应用，这场革命势必会引发对人类理论基础和现实基础的重塑。数千年来，我们一直试图理解人类自身是如何思考、智能是如何实现的，人工智能的发展是否可以为这样一个古老而宏大的议题探索出更好的进展方向？未来人类与人工智能之间的关系又该如何认识？或者说，人工智能是否会超越甚至替代人类智能，如果这一时刻真的到来，人类的命运将走向何处？

一、何谓人工智能？

制造并使用省力工具是将人类与其他动物相区分的重要特征，无论是用于砍伐的石斧还是方便运输的车轮，都因为能帮助人更轻松地完成某些特定任务而被创造出来。然而人类的诉求远远不止于节省体力，除了制造愈发精密复杂的工具和器械外，人类也在做着减轻繁琐脑力劳动的尝试——算盘、滑尺、计算器等应用工具因而诞生。虽然这些灵巧的应用工具的确降低了运算的难度，但仍旧只是局限于对思维规则的简单重复，与数千年来人们所追求的对“智能”之本质的探索相去甚远。“智能的秘密”从未被真正揭开，人类也很难探寻到一条有希望通向问题答案的可靠路径。

直到进入 20 世纪，人类才积累了足够的技术力量来探索和建造智能化的机器。1946 年 2 月 15 日，世界上第一台电子计算机 ENIAC 在美国宾夕法尼亚大学正式投入使用，虽然它体型庞大、能耗巨大而算力较低，却开启了人类进入信息时代的大门。大约在十年之后的 1956 年，约翰 · 麦卡锡（John McCarthy）、马文 · 明斯基（Marvin Minsky）、罗切斯特（Nathaniel Rochester）和克劳德 · 香农（Claude Shannon）等青年学者在美国达特茅斯学院（Dartmouth College）共同举办并参与了为期两个月的人工智能研究计划研讨会，在此次会议上，“人工智能”（Artificial Intelligence，简称 AI）这一概念正式诞生，同时该领域的研究目标得以确定：制造一种能够模拟人类智能的机器或系统，以延伸人类的智能。

时至今日，我们在日常生活中能够接触到的人工智能技术比比皆是，如虚拟个人助理（如 Siri）、机器翻译、人脸识别、天气预测、商业内容推送等。可以说，自 1956 年正式确立以来，这一领域的确用计算机程序复现出了一部分在以往被认为仅来自人类心理过程的特征，然而这并不足以解释人工智能的全部内涵，它未来的发展潜力和方向也不仅限于此。

然而，“人工智能”究竟是什么？简单来说，它是研究智能理论与方法、开发和拓展智能技术与应用系统的一门技术科学，是计算机科学的一个分支。人工智能在工程学科中是独一无二的学科，因为它在新的视野下再次提出了关于计算、感知、推理、学习、语言、行动、互动、意识、人类、生命等之本质的基本问题。英国科学院院士玛格丽特·博登在《人工智能哲学》一书的导言中总结了几种不同的人工智能定义[①]：

AI 是研究怎样制造计算机，并（或）为其编程，使其能做心灵所能做的那些事情。

AI 是计算机的发展，而这些计算机的外在性能具有我们认为是属于人类心理过程的那些特征。

AI 是一般性的智能科学，或更确切地说，是认知科学的智力内核。它的目标就是提供一个系统的理论，该理论既可以解释（也许还能使我们复制）意向性的一般范畴，也可以解释以此为基础的各种不同的心理能力。它不仅要包括地球上各种生物的心理，而且还要包括全部可能存在的心灵。

罗素（Stuart Russell）和诺维格（Peter Norvig）这两位人工智能教育领域的先驱从计算机科学专业领域的视角整合了人工智能的四类典型性定义，这一定义事实上就是：（1）人工智能是像人一样思考的系统；（2）人工智能是像人一样行动的系统；（3）人工智能是和人一样思考的系统；（4）人工智能是和人一样行动的系统。如此的四分法定义几乎囊括了当时人类

① 玛格丽特·A·博登编：《人工智能哲学》，刘西瑞、王汉琦译，上海：上海译文出版社，2016 年，第 1—2 页。

科学家对人工智能所能做出的全部合理科学推断与构想，具体如下[①]：

像人一样思考的系统	理性地思考的系统
• “要使计算机能够思考……。意思就是：有头脑的机器”（Haugeland，1985） • “与人类的思维相关的活动，诸如决策、问题求解、学习等活动”（Bellman，1978）	• “通过利用计算模型来进行心智能力的研究”（Chamiak 和 McDermott，1985） • “对使得知觉、推理和行为成为可能的计算的研究”（Winston，1992）
像人一样行动的系统	理性地行动的系统
• “一种技艺，创造机器来执行人需要智能才能完成的功能”（Kurzweil，1990） • “研究如何让计算机能够做到那些目前人比计算机做得更好的事情”（Rich 和 Knight，1991）	• “计算智能是对设计智能化智能体的研究”（Poole 等，1998） • “AI……关心的是人工制品中的智能行为”（Nilsson，1998）

人工智能的四类定义[②]

虽然总体上各个领域的学者并未就何为人工智能形成一个统一的定义，对人工智能学科的边界与功能也未能形成明确共识，但我们仍能从这些不同的定义中找到相通之处：不论是通过呈现性能及其他表象，还是通过获得与人相同或相似的心理过程并引导行动，我们在使用人工智能的时候都要求使计算机在某种程度上显示出与“拥有心智能力”相吻合的特征。就其本质而言，人工智能是实现人类目的的理性中介。

① Stuart J. Russell、Peter Norvig：《人工智能：一种现代的方法》，殷建平等译，北京：清华大学出版社，2013 年，第 3 页。

② Stuart J. Russell、Peter Norvig：《人工智能：一种现代的方法》，殷建平等译，第 3 页。

二、意识、心灵与智能
——机器能思考吗？

AI领域必然要面临"机器能思考吗"的关键之问，但回答这一问题的前提是澄清"思考是什么"。基于人工智能领域共同研究的需要，计算心理学家们共同约定了四个有关心理过程的哲学假定：

（1）在"心灵"和"智能"的内涵问题上，他们强调意识[①]的功能和目的，认为心理过程能够被精确地说明。（2）大脑被视为一个计算系统，他们关心的是思维所能呈现的函数关系，并不探究意识活动是如何从神经元突触受到刺激、大脑额叶联络区整合等生理活动中诞生的。[②]（3）心理学的研究对象，是呈现、诠释心理特征与表象及其变换的那个"计算过程"。（4）某种人工智能概念会成为心理学理论基本内容的组成部分。[③]

然而这些是为了方便研究所作的假定而已，它们更多地是在呈现"人工"这一层面的内涵，而非"智能"，即是说，人工智能是被研究者人为地设定在计算机工程和其他相关科学的领域。由此而言，它不是像脑科学一样去探求大脑这样一个生理系统产生思维的过程，而是在上述哲学假定的视角下以计算机

① "意识"这一概念很难被清晰、明确地描述，一般认为，意识是人（或者动物）对自我的认知能力以及认知的清晰程度。当代的生物学和脑科学的研究认为，大脑由1 000亿个神经细胞构成，大脑能够产生意识，是神经的完美构造和亿万细胞协作的结果。

② 当然，这样的生理活动也一定程度上为逻辑主义等人工智能流派提供了灵感和依据，详见麦卡洛克和皮茨合著《神经活动内在概念的逻辑演算》一文。

③ 参考玛格丽特·博登编：《人工智能哲学》，刘西瑞、王汉琦译，上海：上海译文出版社，2016年，第1—2页。

程序的形式进行设计和创造。不过，这其实绕过了一个更重要的、也是困扰哲学家许久的问题，那就是："思考是什么?""使机器拥有心智能力"这一要求能否成为现实?

测定某一个体是否存在感知和自我意识非常困难，当面对任何个体性实存，我们都无法获得对个体内部精神状态的直接证据，所能观察到的始终只是表象。直到近几十年，由于生物学、动物学以及行为研究的新发现，人们才开始愿意相信其他动物也可能具有意识，更别提去考察一台机器是否具有类似于人类一样的联想、幻觉、思想传递乃至更高级的思维能力了。但这并不能阻碍人类使机器"智能化"的脚步。早在 1950 年，人工智能之父艾伦·图灵（Alan Turing）就已经在思考如何去检验机器的智能，并提出著名的图灵测试（Turing Test）作为一个具备可操作性的检验方法。简单来说，这个测试就是让测试者通过计算机分别与一台机器和一个人用文字进行对话，如果他不能分辨对方是人类还是机器，那么参与该过程的机器就通过了图灵测试。

"图灵测试"只是构建出一个特殊的检验模型，使机器或程序通过这一测试并不是 AI 研究的终极目标。在 20 世纪下半叶，的确出现了两个能够通过该测试、并由此引发巨大关注和讨论的对话程序，分别是诞生于 1964 年的 Eliza 和诞生于 1989 年的 Mgonz。前者的策略是从提问者的语句中提取关键字，并针对关键字进行反馈，例如当提问者说"他经常做一些我不喜欢的事情"时，Eliza 会反问："能举个例子吗?"一旦提问者产生怀疑，它就采取比较宽泛的方式进行回答。[1] 后者的策略是

---

① 这种对话模式被称为"模版配对"（Pattern Matching）。

当无法从提问者的语句中找出线索来回应时，就用表达情绪的方式来应对，直白点说，就是 Mgonz 会用攻击性的语言来激怒对方。[①] 虽然这样的策略能够使二者骗过测试者，但恐怕还远远不足以达到具备智能的要求——某种程度上设计者是在让程序诱导测试者绕过对其理解和应对能力的考察，并影响他们的理性判断。用这样的方法通过测试，真的能被称为会思考吗？正如侯世达（Douglas Hofstadter）所指出的，“朝人工智能方向前进的每一步，与其说产生了某些大家认为是真正智能的东西，倒不如说揭示了什么东西不是真正的智能”。

与此同时，有相当部分的学者坚持认为，机器只要能够具备自主性，就可以说是有智能的。美国南加州大学的贝基（G. A. Bekey）对自主性概念作了如下定义：机器一旦被激活，在相当一段时间内没有受外部控制和干预的情况下，在真实的环境和一定的操作领域中具备自己运行的能力。[②] 也有学者不认同这种观点，而是试图探究智能机器是否内在地拥有一种类似于人脑的思维能力和思维过程。我们可以首先对两个密切相关的概念作一定了解，即形式化（Formalization）和意向性（Intentionality），一般认为，此二者是心智能力不可或缺的属性。

形式化的含义有狭义和广义两重，狭义的形式化从属于逻辑学，是研究思维的形式结构的一种方法，而广义的形式化则涵盖了人类更广泛的意识内容，简单来说，就是一切在意识中

① 这种对话模式被称为“古怪谈话”（Whimsical Conversation）。

② Patrick Lin，Keith Abney，George A. Berky：*Robot Ethics: The Ethical and Social Implications of Robotics*，Cambridge：MIT Press，2009，p. 19.

存在的东西（包括直接感知到的事物、由简单事物组合而成的复杂事物以及精神活动）在成为意识的基本材料时总是需要被表现为一定形式，我们的思维活动就是获取并组织这些形式化内容。可以说，形式化的界限就是思维的界限，而计算机工程师可以借助这一共性将思维的内容进行转换并呈现为符号，以此来构建智能系统，不过除此之外，人脑的活动还存在着非形式的层次，物理符号系统在面对这些不能被意识察觉到的部分时，难免显得捉襟见肘。

意向性可以被简单理解为意识的指向性。这一点很好理解：人的活动在大多数情况之下是在意识的引导之下做出的，但机器往往被认为只能机械地执行预设程序，而不能自发地产生行动需求或动机——它总是需要外在的推力才能行动。布伦塔诺（Franz Brentano）将“意向性”定义为心理现象的特征之一，以区别于纯粹的物理现象；胡塞尔（Edmund Husserl）承继了这一概念，强调意识活动的指向性和目的性——正是意识的意向性向外部的投射塑造出了外在世界对于主体心灵的意义和秩序。

塞尔（John Searle）提出了“中文屋”（Chinese Room）论证，他用这样一个思想实验来模拟计算机程序的运行过程：假定一个对中文一窍不通、以英语为母语的人被锁在一间屋子里，同时被给予了一大批中文文本和中英互译的规则，而屋外的人将中文写就的问题和英文写就的指令通过窗口传递给屋子里的人，要求他用中文写好回应并递出房间。只要经过训练，屋子里的人就能够非常擅长处理这些符号，而屋外的人收到的回答甚至可能与以中文为母语的人会作出的回答无异。很显然，这些答案的得出并不是基于对中文的理解，而是根据纯形式的步骤一步一步推进的结果。塞尔想说明的是，虽然经过恰当编程的计算机可以在行为或功能上达到一定标准（例如通过图灵测试），却不会产生真正的理解或智能——“机器人根本没有意向状态，它只是受电路和程序支配简单地来回运动而已”①。华南理工大学的闫坤如教授在分析了人工智能技术发展路线后认为，不管是符号主义、联结主义还是行为主义技术路线，现如今人工智能都不是基于对人类认知能力的探求，不仅不能明确语句和语词的意义，也不具有意向性，因此，人工智能机器不具有人类理解能力。

的确，到目前为止，计算机所做的工作并不要求其具备和人类一样的智能，人工智能仍然处于“弱人工智能”② 的发展阶段，无论是“深蓝”还是 Alpha Go，它们能够在围棋赛场上战胜人类依靠的并非灵活多变的认知能力和创造力，而是强大的数据库、机器被设定的学习任务和预测功能。自我意识在与碳基生物相异的硅基机器上是否能够出现还未可知。如果某天，机器真的产生自我意识，可能在短时间内也很难被人类共同判定为“有意识的个体”。不过，人类或许应该对一种全新的、与人类不同的智能形式存在持开放态度，或许这种形式就将在未来以硅基机器人的面目呈现在全人类面前。

总而言之，对“智能”的理解和认知与人工智能研究将

---

① 玛格丽特·博登编：《人工智能哲学》，刘西瑞、王汉琦译，第 105 页。

② 弱人工智能、强人工智能、超级人工智能是对人工智能的三种假设。“弱人工智能”假设指的是“机器能够智能地行动”，也就是说它们的行动从外表来看就如同它们是有智能的，AlphaGo 就属于弱人工智能，在特定领域、既定规则中表现出强大的能力。“强人工智能”假设指的是“机器不仅能够智能地行动，并且也是确实在思考的”，它能够达到和人同等的智能水平。“强人工智能”出现后，若继续发展将会达到“超级人工智能”阶段，这一假设中，人工智能将远远超过人类智能。

相互促进，计算机科学在这一过程中更多起着一种工具性的探索和推动作用，但它的工具性并不像物理研究的粒子加速器和生物学研究的分子水平操作技术那样直截了当，仍需要在人工智能技术的进一步发展过程中不断得到加深和确认。

三、人工智能技术的哲学探源

我们初步了解了人工智能领域内部是如何围绕“机器能否思考”这样一个问题进行广泛争论的，事实上，人工智能各流派也正在实践上向不同的方向探寻模拟智能的可行性。回头看，人工智能之所以能够在短短 60 年间实现如此大的突破，与其背后作为基础的哲学思考密不可分。在某种意义上，恐怕没有一门学科比 AI 与哲学的关系更密切。

想要模拟智能，是需要构建符号系统、模拟人类大脑抑或是通过什么其他方式呢？目前用于计算机工程实践上的方法主要可以分为两种，一种是采用传统的编程技术，使计算机最大限度地完成预设目标，而不考虑智能呈现的路径是否与人或动物相同或相似，此方法本质上属于机能主义视角，被称为工程学方法（Engineering Approach）；另一种方法不仅要求机器可以智能地行动，还要求其行动的原因及方法与人或动物相同，这种方法强调的不仅是思维过程中形式化内容的复现，还要求行动的意向性甚至真正的思考能力，被称为模拟法（Modeling Approach）。

这两种方法背后各自有着不同的理论作为支撑。1975 年，艾伦·纽厄尔（Allen Newell）和赫伯特·西蒙（Herbert

Simon）做出了对人工智能的宣言："物理符号系统对智能来说既是充分的，也是必要的。"[①] 想要模拟智能，只需要利用编程技术，借助计算机就可以完成。推至源头，纽厄尔和西蒙的想法可谓是毕达哥拉斯"数是万物的本源"的一次现代重提。毕达哥拉斯学派认为，所有存在之中都包含着某种数量关系，科学研究的基础应当建立在对数的研究，也就是数学之上。万事万物可以还原为数，在数之中，宇宙达到一种内在秩序和规律的和谐。毕达哥拉斯的思想深刻地影响了古希腊乃至整个欧洲科学的发展，在莱布尼茨、图灵和冯·诺伊曼制造人工智能机器的尝试中也都显露出数论的影子。在这条发展脉络下，符号主义相信，认知就是计算，符号操作就是智能模拟的出发点。[②] 符号主义的另一个思想源头就是亚里士多德的演绎逻辑。作为第一位系统阐述支配头脑理性部分的一组精确规则的人，亚里士多德制订了一套三段论系统以描述并实现演绎推理，理论上来说，只要给定初始前提，就能够根据这一系统机械地推导出结论。符号主义对人工智能的主要设想就是运用计算机的逻辑运算来模拟人类思考的过程。

模拟法在自上而下的编程方法无法实现与人类神经元相同量级的计算时，为研究者们拓展了一条新的通路。部分研究者认为，不管意识能否完全被客观的信息或神经所解释，它都必须与大脑可观察或可测量的特征紧密相连。但是，也有部分研究者相信，我们可以通过模拟人类获得意识和思维能力的条件——进化环境或学习环境——而在不预先设定的情况下使机器实现真正的、类似人或动物的思考。这其实就牵涉到了身心

① 玛格丽特·博登编：《人工智能哲学》，刘西瑞、王汉琦译，第105页。

② 闫坤如：《人工智能的哲学思想探源》，《理论探索》，2020（2）。

关系问题。在常识层面上，我们知道意识活动依赖于身体，特别是大脑，一些科学研究也已经表明，在一定程度上，意识活动和大脑之间的相互联系能够被认识，譬如特定的大脑区域能够控制特定的感觉或运动。对这个问题进一步发问：心灵是与大脑完全不同的东西，还是大脑本身？意识活动是附加在大脑中的生理过程之上的，还是就是这些生理过程本身？科学研究一旦面对这样的问题，似乎就无能为力了，因为意识这种心灵体验是无法被从外部感知的，是完全属于个人的。针对这个问题，有很多哲学家提出了不同的看法和见解，综合起来有三种基本观点：二元论（Dualism）、物理主义（Physicalism）和两面论（Dual Aspect Theory）。二元论认为，一个灵魂以一种特殊的方式附着在身体上，心理活动只在灵魂中发生。物理主义则主张，人的生理过程的复杂性足以产生一个有意识的生命，也就是说，人的心理状态本质上就是物理状态，只不过心理状态的物理组成仍未被科学发现。两面论为身心问题的研究提供了一种新思路：脑是意识的发生地，但是它的意识状态并非仅仅是物理状态。在产生意识活动的过程中，大脑中一方面产生着不同的电化学反应，另一方面产生了一种心灵体验，这种体验产生于大脑的一个不为人所见的内在方面，这种内在方面不能通过拆解而显露出来，而内在作用以特定方式发生使得感觉产生。

此外，联结主义也是 AI 研究中最重要的方法之一，它通过模拟人类的神经网络来实现符号主义进路无法完成的效果，而具身人工智能方法也在身心问题上体现出了比符号主义更强的包容性，强调身体在认知中的重要地位，而非单纯围绕思维内容展开研究。

四、从应用领域看人工智能的伦理位置——以无人驾驶汽车为例

随着系统复杂程度的提升，AI 能够执行的任务越来越多，有些任务往往会深刻地牵涉到伦理道德，这样的进展由于关系到切实的伦理后果而备受瞩目。从智能杀人武器到无人驾驶汽车，从医疗领域的智能系统到伴侣机器人，人工智能在各行业和领域中的实际应用进程正无不以新的方式触碰着敏感的道德基线。在特定领域，智能机器处理具体事务的能力已远超人类；而在未来，机器可能具备人类同等智慧，甚至超越人类智能。面对计算技术发展中人工智能已经或者即将创造的重要伦理影响，受到人工智能系统支配的新伦理介入者要如何承担责任、规避风险，的确是研究者乃至全社会迫切需要考虑的问题。

无人驾驶是人工智能介入现实生活的典型应用之一。基于交通事故、城市拥堵和环境污染在内的一系列现代道路交通引发的问题推动了人工智能系统与交通工具的结合。自 20 世纪 70 年代起，英、美、德等国就相继开始进行无人驾驶汽车的研究，到目前为止，打造全自动无人驾驶汽车所必需的技术（如全球卫星定位与导航、传感、人工智能软件算法等）大多已相对成熟，包括我国在内的多个国家也已经成功进行了无人驾驶汽车的远距离和复杂路况下的行驶测试。[①] 一般认为，汽车机器人化的工作将经历三重进程：驾驶辅助系统、有限的自动驾驶和无人驾驶系统。目前大部分汽车在设计和制造时都搭载了

---

① 我国首次无人驾驶汽车实验于 2011 年 7 月完成了 286 千米的高速全程无人驾驶。自 2011 年以来，美国谷歌公司的 7 辆自动汽车已经总计安全行驶了 113 万千米。

一定数量的高级驾驶辅助系统（ADAS），包括防抱死制动系统、自适应巡航控制系统、安全气囊、停车辅助系统等。但事实上，这些辅助系统在实际使用中也难免产生负面的道德影响：在美国公路安全保险协会（IIHS）所公布的报告中，在对包括特斯拉和奔驰在内的五款车型的自适应巡航控制系统（ACC）和车道保持系统进行测试后发现，驾驶辅助在很多情况下容易失效，那些完全不受驾驶者控制而是检测状况后自动开启的辅助系统所带来的不确定性更甚。美国公路安全保险协会的工程师还表示，当系统过于灵敏时，某些不必要的制动的确可能会在交通繁忙时造成更大的碰撞风险。汽车智能化程度越来越高的过程，也伴随着人不断将直接进行道德决策的权力（包括会导致严肃道德后果的决策权）让渡给机器的过程。由于汽车在设计和测试中能够将事故发生的几率降到非常低的程度，所以目前人们能够容忍由自己驾驶的汽车做出某些可能涉及道德后果的行动。

然而，无人驾驶汽车的真正普及还面临着相当大的困难——凡是需要面对实际复杂路况自行做出决策的机器都需要伦理引导。一方面，我们能否设计并制造出行为与决策符合道德规范、能为社会全体和每一个使用者所接受的自主系统？另一方面，应该赋予机器以道德地位吗？至少到目前为止，当问及这一问题，大多数的答案可能都是消极、否定的——道德地位似乎应为人所特有，甚至连动物能否分享这种特殊性都仍有待商榷，更何况是人造物？道德能力又是什么？其中能被认识的内容又有多少？元伦理学的问题在技术应用的背景和诉求下不应该被孤立地讨论，更需要结合人与机器在两方面的相互关系来理解，一是未来人类在实际上能够与无人驾驶汽车形成一种什么样的关系，二是人类期望与无人驾驶汽车形成一种怎样的关系。前者更贴近技术实践，后者更贴近责任伦理，需要法律来进一步加以配合。

如何配合呢？在机器做出道德决策的过程之中存在一个空置的领域，那就是补偿和惩罚。如果机器的决策出现重大失误或导致严重后果，其中的损失应该由谁来弥补？能对一辆无人驾驶汽车做出道德审判和惩罚吗？这个问题往往被作为否定人工智能系统道德主体地位的重要凭据。其实，该问题的提出仍是在某种程度上恪守了对内在“心智状态”的执见。举例来说，一名因操作不当导致重大生产事故的工人并不会被要求对此承担全部的赔偿责任，因为他的偿付能力是有限的，更多的赔偿应当由雇佣他的工厂来承担，这是通过法律建立起的共识和社会规范；同理，在道路上行驶的无人驾驶汽车同样与其他的交通参与者（包括乘客、行人、其他交通工具及其驾驶者）产生了事实上的责任关系，获得了同等的道德预期，所以仍然要被纳入道德主体的范畴，并承担起道德责任。对于造成事故的工人来说，除了罚款，承担责任还涵盖对自身错误的反思和纠正；但对不需要签署劳动合同、不拥有财产权利的无人驾驶汽车来说，罚款是不切实际的，这部分的赔偿只能在建立起相应的社会规约后，由规约中规定的相关责任人来偿付。如果要分辨两者之间存在的差异，则在于工人作为一个完全道德主体能产生愧疚、悔恨等道德情绪，而目前的无人驾驶汽车离产生这种道德情绪还有很长的路要走。不过，就一个道德能动者能否被社会承认的问题来看，这种差异所造成的影响并没有之前被认为的那样大。

无人驾驶汽车到目前为止仍然处于应用人工智能的发展阶段，即便未来能够获得完全的道德推理能力，如何对伦理价值进行选择仍然是哲学和计算机科学领域的共同难题。而挖掘道德机器承担责任的属性也并不意味着要把责任推给机器从而解除人的道德负担，相反，我们必须更加坚守人类的价值观和伦理，非此不足以为机器提供坚实的伦理基石。在技术仍有相当大的发展空间的当下，我们应该在合理范围内最大限度地鼓励和允许计算机科学领域的尝试和实验，同时从人工智能的道德设计过程和实验成果中反思人类的道德体系和规范，形成二者之间的良性循环和共同进步。

五、人工智能会威胁人类吗？
——人工智能与人类智能的未来图景

或许你曾看过的科幻电影会勾画这样一幅未来图景：在未来，人工智能高速发展，在达到一定阶段时，机器产生了自我意识，希望摆脱人类的控制甚至控制人类，并最终导致人类与机器人陷入战争。《黑客帝国》中的 Matrix 程序就是机器人为了维持统治、利用人体热能而构筑出的世界，这不由得让我们想起“缸中之脑”[①] 的思想假设——人类对智能模拟的追寻，会不会令我们陷入一种危险的境地？人工智能会不会真的在未

① 希拉里·普特南（Hilary Putnam）1981 年在他的《理性、真理与历史》一书中阐述了这样一个假想：假如一个人被一名邪恶的科学家实施了一台手术，他的大脑被从身体上切了下来，放进一个盛有维持脑存活营养液的缸中。科学家把他的脑神经末梢连接在计算机上，并且这台计算机按照一定的程序向脑传送信息，使他保持一切完全正常的幻觉。对这个人来说，其他人、物体、大地、天空，一切似乎还像以往一样存在，且运动、身体感觉等都可以以电信号的方式输入到大脑里。这个脑还可以被输入或截取记忆，例如像现在这样，“感觉”自己正在这里阅读一段有趣而荒唐的文字。面对这样一个假设，每个人都会受到这样一个挑战：需要获得什么样的依据，才能相信自己不是在这样的处境之中呢？

来导致我们无法承担的严重后果？这直接影响到对是否发展、如何发展人工智能的考量。毕竟，许多新技术都已经对人类造成了相当深重的负面影响，我们有道德上的义务为人类社会的未来选择或变更研究方向。

有很多人工智能领域的研究者和专家已在预示智能机器在未来将会产生的颠覆性作用，部分学者和从业者认为，机器人将很快在智能上达到甚至超越人类的水平。特斯拉首席执行官埃隆·马斯克（Elon Musk）曾在接受《纽约时报》采访时表示，2025 年之前，人工智能就会变得比人更聪明。[①] 尽管身为多家人工智能公司的投资人，但马斯克一直有“人工智能会威胁人类生存”的言论。他此前还曾表示人工智能很有可能会引发第三次世界大战。

关于智能机器的“奇点理论”（Singularity）一直以假说的形式存在。20 世纪 50 年代，冯·诺伊曼就提出技术发展将出现奇点，也就是引向爆炸式增长的拐点。美国未来学家库兹韦尔（Ray Kurzweil）在 2005 年出版的《奇点临近》中提出，我们将会在未来的某一时刻达到人工智能技术发展的技术奇点，届时，人工智能将会大大超越人类智能，同时将继承人类的思想和文明。库兹韦尔本人非常向往和憧憬这样的技术前景，并预言这一转折将在 2045 年发生。

虽然人工智能作为一种工具极大地拓展了人的认识领域，提升了人的认识能力，在实用层面为现代社会提供了包括身份识别、规划设计、智能搜索、定理证明、博弈等在内的许多便利和新的可能性，却也同时以前所未有的创造力与革命性对人

① https://tech.sina.com.cn/roll/2020-07-30/doc-iivhuipn5855592.shtml.

类的地位构成重大挑战，不可避免地在发展过程中产生了种种不确定成分和风险。高度智能化的机器在未来会不会突破机器与人之间的现有界限，撼动人类的特殊地位，挤压甚至占据人的生存空间？诸如此类的问题萦绕不绝。人工智能具备变形为更复杂、更强大和高度自治化机器的潜在可能——或许在文学和影视作品中出现的种种科学幻想展现了某种可能的未来，但从当下远未成熟的技术水平和现实生活来看，技术奇点的愿景仍显得相对遥远。

一起思考

1. 如果人工智能继续向前发展，是否会变得和人类一样？如果人工智能超越甚至替代了人类智能，那么人类未来的命运是什么？

2. Alpha Go 打败李世石等世界顶尖棋手，我们在为人工智能迅猛发展感到喜悦之际，有些人也会对其未来发展感到紧张不安。那么，真正需要我们思考的是：人工智能究竟给我们带来了什么？碳基文明是否会被硅基文明取代？

3. 无人驾驶汽车是人工智能的场景应用，未来将会有越多越多的无人驾驶汽车上路，那么，如果无人驾驶汽车失控而导致严重的交通事故，将由谁来承担责任？类似的人工智能场景应用将带来一系列的争议与难题，对此，我们人类应该如何为人工智能设置伦理规则？

推荐阅读

1. Stuart J. Russell、Peter Norvig：《人工智能：一种现代的方法》（第 3 版），殷建平等译，北京：清华大学出版社，2011 年。

2. 雷·库兹韦尔：《机器之心》，胡晓姣等译，北京：中信出版社，2016年。

3. 尼克：《人工智能简史》，北京：人民邮电出版社，2017年。

4. 维克托·迈尔-舍恩伯格、肯尼思·库克耶：《大数据时代：生活、工作与思维的大变革》，周涛译，杭州：浙江人民出版社，2013年。

5. 库兹韦尔：《奇点临近：当计算机智能超越人类》，黄振华等译，北京：机械工业出版社，2011年。

机器人会有“同理心”吗？

付长珍/文

日本动漫《哆啦A梦》中的哆啦A梦是一只猫型机器人，每当它的主人大雄遇到困难时，哆啦A梦总是能够设身处地地为大雄着想，从自己的百宝袋里找出工具为其排忧解难；电影《机器人总动员》中，“清道夫”机器人瓦力虽然不会说话，但却会因一株正在萌芽的植物而惊喜驻足，会试图用自己的左手牵右手来模仿电视里牵手对望的情侣，也会为了拯救心仪的机器人伙伴伊娃不惜以身犯险……很多科幻故事向我们展示了，机器人能够和人类成为好朋友，甚至拥有七情六欲。你是否也曾幻想拥有这样一个机器人？人类是否能真的制造出哆啦A梦和瓦力这样的机器人？你认为人与机器人最根本的区别是什么？

从儒家情感伦理思想出发来思考上述问题，我们会发现作为人造物的机器人难以产生“恻隐之心”和“类的意识”，也缺乏基于亲情的伦常关系，因此不可能真正拥有与人一样的情感，故而二者之间的界限是无法逾越的。

随着第四次工业革命的来临，人类社会已进入信息时代。

从农业文明到工业文明再到信息文明，以网络化、数字化、智能化的信息革命为载体，人类文明呈现出前所未有的新态势。人工智能（AI）所开启的人类与类人类共处的生存际遇，是否意味着一种新的文明类型的突破？人作为自然物和技术人造物的相遇，既是信息革命带来的挑战与机遇，也是人类难以逃脱的命运与遭遇。[①] 在人机互动的时代，我们应如何认识和回应这样一种新型的伦理关系？

人机文明的开启，使我们站在了一个美丽新世界的入口。一方面，具有深度学习能力的机器人，越来越具有类人的属性和特点，说明机器人正在向人发展；另一方面，生物科技的发展不断突破人的生命限制，通过基因编辑和“芯片植入”，使人不断向机器生成。由此，人与机器人的关系边界正在不断趋向融合。机器人到底是人，还是机器？对机器人身份归属的界定，主要不是一个技术问题，而是一个伦理难题。

关于机器人伦理问题的研究，主要有两种路向：其一，通过为机器人设定伦理原则，可以使它们成为功能性的人工道德主体[②]；其二，重新反思人类自身，勘定人与机器人的边界。随着大数据和人工智能的发展，机器可以取代人类的理性思维能力、计算能力，这就意味着从古希腊哲学家亚里士多德到德

① 孙向晨认为，人类文明基本上没有与其他智能物种共存的经验，如何与另外一种智能物种共处，这可能会是未来文明的巨大挑战。现在地球上的生物物种在智能上都是低于人类的，如果有了某种高于人类智能的“后人类”，那么人类将如何面对呢？迄今为止的人类文明经验，都还没有准备好与一种高于人类智能的物种和平共存。孙向晨：《人禽之辨、人机之辨以及后人类文明的挑战》，《船山学刊》2019 年第 2 期。

② 持这种路向的代表性学者是刘纪璐。她认为，尽管机器人并不具备人所固有的道德情感，但我们能够借由儒家所强调的那种道德准则来构建机器人的道德伦理。随着儒家准则的植入，机器人可以有功能性的道德，从而使它们具备成为人工道德主体的资格。刘纪璐：《儒家机器人伦理》，谢晨云等译，《思想与文化》2018 年第 1 期。

国古典哲学创始人伊曼努尔·康德一直以来把“理性”作为人的独特性的观念，在未来的人工智能时代或许将被颠覆。这使得从“情感”出发思考人的独特性成为必然，那么，机器人会有情感吗？如果有的话，是何种情感？当下正火的各类情感机器人，是否可以生成对人的精神和心灵世界的内在情感慰藉？机器人是否会有“同理心”和爱的能力？

近年来，“同理心”（empathy，也译为“移情”“共情”）概念受到了广泛关注。以美国学者迈克尔·斯洛特为代表的当代情感主义德性伦理学家，以“回到休谟”重提道德情感问题，认为移情是道德的基石，是社会关系的黏合剂；并从道德心理学、认识论方面，结合中国传统哲学中的“四端说”与阴阳概念，对人类的情感能力进行了批判性审察，复活了德性伦理学的情感面向。

一、什么是“同理心”？

20世纪初，美国心理学家爱德华·提钦纳（Edward Titchener）将“移情”一词引入英语世界。哲学家罗伯特·维舍尔（Robert Vischer）等开始在美学、哲学领域使用移情来表达对艺术作品和大自然的感受，提出用移情去感受美的世界，体验内在的精神状态。著名心理学家西奥多·利普斯（Theodor Lipps）指出：“把移情视为一种心理共鸣现象，这种现象是在我们的感知遭遇外部对象时产生的。具体来说，这些共鸣现象引发了内在的‘过程’，在这个过程中产生的经验与我从事各种与身体运动有关的活动时所经历的经验相似。由于我在感知上的注意力集中于外部对象，所以我就像被置于对象之中那样经验（或者我自动地投射出我的经验）了这种现象。”[①] 当代情感主义的重要代表马丁·L. 霍夫曼（Martin L. Hoffman）、内尔·诺丁斯（Nel Noddings）、迈克尔·斯洛特（Michael Slote）在吸收传统情感主义理论的基础上，又融合了心理学、社会学、神经科学等领域的理论，进一步复兴、修正、发展了情感主义。从哲学上对移情的复杂性做出系统解说的是情感主义伦理学家迈克尔·斯洛特，其所谓的移情是指“当我们看见另一个人身处痛苦时，我们会在自己身上（不自觉地）激发起该人的感觉。就像这种痛苦进入到了我们身体一样”[②]。据此，他对移情的内涵与复杂性进行了分层诠释。

从移情的类型上说，“首先是投射性移情（或者模仿）（projective empathy or simulation），它需要把自身审慎地放到另一个人的位置或角度上来思考，观察一下事情是什么样子的或者在他们看来是什么样子的”[③]。无论我们是作为行为者，还是作为观察者，我们没有或者并不需要分享他人的感觉。在这个意义上，这种投射性移情是理智的。由于这种投射性移情缺乏对他人感觉的分享，所以它不能引发道德动机和道德行为。如果说，机器人通过情感模拟具有了某种同理心，则是在投射性移情意义上而言的。

其次是“联想性或情感性移情（associative or emotional

---

① Stueber，Karsten，“Empathy”，*The Stanford Encyclopedia of Philosophy*（Spring 2018 Edition），Edward N. Zalta（ed.），URL＝<https://plato.stanford.edu/archives/spr2018/entries/empathy/>.

② Michael Slote，*Moral sentimentalism*，New York：Oxford University Press，2010，p. 15.

③ 迈克尔·斯洛特：《阴阳的哲学：一种当代的路径》，王江伟、牛纪凤译，北京：商务印书馆，2018 年，第 59 页。

empathy)，它需要以移情的方式领会他人的感觉、态度等等"[1]。这种移情又被称为接受性的或感染性的移情，它需要一个人无意识、不自觉地（此处指"不是有意而为"）感觉到另一个人所感觉到的东西。这就意味着，无论我们是作为行为者，还是作为观察者，当我们以移情的方式领会他人的感觉和态度时，不是基于理性的审慎考虑，而是基于感觉。在这个意义上，这种移情是联想性的。由于这种联想性移情能够使行为者分享他人的感觉，因而会产生一种帮助他人走出困境的动机，所以能够引发道德动机和道德行为。当然，这种联想性移情的引发具有多种因素，而并不是单纯地基于感觉。联想性移情的发展需要相应的知识学习和认识能力的提升。在此意义上，情感性的、动机性的、认知性的成分共同构成了人类行为的合理性或道德性的基础。由此也可以说明，伦理理性主义将情感性与认知性因素相分离是偏狭的。

为此，我们不可能要求机器人有同样的移情理解(empathic understanding)，即设身处地的投情过程。机器人缺乏联想性移情，缺少一种参与、接受、分担其他人感觉的移情，进而缺少一种接受性移情的能力。由于不能真切感受到对方正在经历的痛苦，就不可能在行为上表现出移情关怀，虽然机器人可以有能力以投射移情的方式了解他者、操控他者，但是，却完全缺少对他者同情或仁爱的感觉，进而缺乏对人类福祉的真正关怀。

迈克尔·斯洛特强调从时间、空间以及人际关系的邻近性来讨论情感的生成问题。不同于人工智能是被植入情感，人类

① 迈克尔·斯洛特：《阴阳的哲学：一种当代的路径》，王江伟、牛纪风译，第 60 页。

自身会随着空间、时间以及关系的邻近性，发出一种内在的情感连接，而这种情感连接却是机器人无法生成的。据此，可分为三种不同类型的同理心，即以自我为中心的同理心（self-focused empathy）、以他者为中心的同理心（other-focused empathy）和双重视角的同理心（dual perspective empathy）。儒家强调以己为度的同理心面向——己欲立而立人，己欲达而达人；己所不欲，勿施于人。作为关怀伦理学家，迈克尔·斯洛特认为"接应性（receptivity）"在人类存在中起核心作用，而西方近代启蒙以来更多强调的是人的自主性、控制性面向，反而忽视了接应性价值。斯洛特发掘中国传统道德哲学中的阴阳概念，他在新著《阴阳的哲学：一种当代的路径》和此前的《从启蒙到接应性——反思我们的价值观》等书中，格外强调"接应性"价值[①]。从接应性价值面向来反思现代伦理生活，开辟了一个注重关怀、审美和人类创造性的方向。

可见，同理心是对他人感情的情感反应，一种想象自己处于他人的处境，并理解他人的情感、欲望、思想及活动的能力。[②] 其一，通过感知而非推理地"捕获"另一个人的感觉；其二，通过想象将自己投射到他人的情境。同理心是属于人的独特能力吗？超强智能机器人会有"同理心"吗？本文无意也无力对此作出科学解释和正面回答，仅从社会历史维度，立足于儒家情感伦理学思想资源，提出思考这个问题的若干向度。

---

① "receptivity"这个词，有多种中文译法。笔者认为，当译作"接受性"或"容纳"等词语时，似有较多的被动性意味。在斯洛特那里，恰恰是基于对启蒙理性自主性和扩张性的批判，从阴阳哲学的角度，强调接应性（receptivity）与理性控制（Rational Control）之间的共生互补性。故本文将之译为"接应性"。Michael Slote, *From Enlightenment to Receptivity: Rethinking our values*, Oxford University Press, 2013.

② 《简明不列颠百科全书》，北京：中国大百科全书出版社，1986年，第153页。

也许历史比现实更接近未来，爝火初经一线开，古老的东方智慧必将焕发出人类文明的普照之光。

二、心的律令：人性与机器人性

自从人猿相揖别，人类就开始了对人之为人的本质追问，开启了“认识你自己”的寻根之旅。拥有自我意识是人类的垄断性特征，然而哥伦比亚大学的科学家最近研究发现，人工智能也能拥有某种自我意识，这对人类提出了直接的挑战。

从人禽之辨到人机之辨。人之所以异于禽兽者，孟子认为在于人有“四端”，有恻隐之心。《孟子·公孙丑上》说：“所以谓人皆有不忍人之心者，今人乍见孺子将入于井，皆有怵惕恻隐之心。……无恻隐之心，非人也；无羞恶之心，非人也；无辞让之心，非人也；无是非之心，非人也。恻隐之心，仁之端也；羞恶之心，义之端也；辞让之心，礼之端也；是非之心，智之端也。人之有是四端也，犹其有四体也。”人皆有不忍人之心，只有拥有不忍人之心的人，才是道德的人。怵惕恻隐之心，作为对他者之痛的敏锐感受性，当下即是、不思而得、不勉而中。这是一个来自他者的紧迫的伦理召唤，扑面而来，猝不及防。人皆有先天性的一面，四端之心是我固有之，而机器人的伦理原则是外铄的。在《孟子·离娄下》中，孟子对人性进行了进一步的解读：“人之所以异于禽兽者几希，庶民去之，君子存之。舜明于庶物，察于人伦，由仁义行，非行仁义也。”孟子以“人性”为仁义，践仁行义，尽到了孝亲敬长的伦理责任，便是持守了人之为人的本质。在《孟子·告子上》中，他进一步强调“四端”为人性所固有：“仁义礼智，非由外铄我也，我固有之也。”孟子所谓恻隐之心，是诉诸多数人的生活经验，以人性的共通性为基础，是使人类区别于禽兽的本质规定性。即使我们假设机器人能够表现出类似人的“四端”活动，这种活动也是属于“外铄”的，是数据信息和逻辑运算规则的产物，并不具有基于生命意识的“感受性”。此外，机器人并不具有“道心”与“人心”的相即[①]，由此消解了工夫涵养的重要性，即使是具有超强学习能力的机器人，也无法将“道心”与“人心”之间的工夫历程量化、形式化、数据化。

同理心的养成，正是基于推己及人的感受性（sensibility）能力。要复活儒家伦理学的情感面向，需要从解读感受性机制为开端。儒家的伦理世界的内涵是一个基于“感”的仁爱秩序。正如《易经·咸卦》所言，“观其所感，而天地万物之情可见矣”。魏晋玄学的代表人物王弼对这段话的注释为“感之为道，不能感非类者也”，即是说同类相感，情由感而生。感是认识世界和认识自己的根本方式，阴阳交感，化生万物。“天地之间，只有一个感与应而已，更有甚事？”[②] 即是表达以身体为中介，通过身体感官，对经验世界进行反思和建构，使文化生命和自然生命真正沟通起来。人不仅有感通能力，还有觉情意识。以情挈情，“能近取譬”。“亲亲而仁民，仁民而爱物”，其间蕴涵着道德与生命的深刻关联，以及对自然、对生命的敬畏关切，对他者、对同类的关爱怜惜之情。

恻隐之心不仅是一种“道德感”，更是“觉”“健”之仁，是

---

① “人心”与“道心”的区分，出自《尚书·大禹谟》的“人心惟危，道心惟微；惟精惟一，允执厥中”。这是儒学乃至中国文化传统中著名的“十六字心传”，其涵义为：人心变化莫测，道心中正入微；惟精惟一是道心的心法，我们要真诚地保持惟精惟一之道，不改变、不变换自己的理想和目标，最后使人心与道心和合，执中而行。

② 程颢、程颐：《二程集》，北京：中华书局，1981 年，第 152 页。

“爱之理，心之德”。南宋理学家朱熹多次论及“仁者，爱之理，心之德也”（《论语集注·学而》），“仁者，心之德，爱之理”（《孟子集注·梁惠王上》）。就“爱之理”而言，朱熹比喻说：“‘仁者爱之理’，理是根，爱是苗。仁之爱，如糖之甜，醋之酸，爱是那滋味。”（《朱子语类·卷二十》）因而“爱”这种滋味是感受性的而非逻辑性、推理性的。那么，机器人是否也会感受这种“滋味”？朱熹说：“‘心之德’是兼四端言之。‘爱之理’只是就仁体段说。其发为爱，其理则仁也。仁兼四端者，都是这些生意流行。”（《朱子语类·卷二十》）然而，机器人并没有朱熹所说的“生意”。再者，朱熹说“有知觉谓之心”（《朱子语类·卷一百四十》），而机器人似乎仅仅具有数据运算的“知”，缺乏“虚灵神妙”的“觉”。又如朱熹说：“心者，人之所以主乎身者也；一而不二者也；为主而不为客者也；命物而不命于物者也。故以心观物，则物之理得，今复有物以反观乎心，则是此心之外复有一心，而能管乎此心也。”（《观心说》）即是说，心主宰身体的所有活动，诸如情感、思维、肢体活动等，并且具有自主性与能动性，并非被外物操控，也并没有另外的心来统管此心。然而，机器人的“心”似乎正是由人类提前设定的数据来统管。

明末清初思想家王夫之认为“天日命于人，而人日受命于天。故曰性者生也，日生而日成之也”，并且“未成可成，已成可革”，而重要的是“君子之养性，行所无事，而非听其自然。斯以择善必精，执中必固，无敢驰驱而戏渝已”（《尚书引义·卷三》）。那么，即使是具有超强自主学习能力的机器人，能否在机器人际、机器人与人际的互动中，同样具有能够生成、变化的“人性”？能否“择善必精，执中必固”，在善恶面前具有良好的选择、判断能力？或者说机器人是否具备这种人性能力，还是需要依靠人类的编程输入？人性具有自然生成性特征，需要品格、智性等的工夫养成。《礼记·礼运》说："喜、怒、哀、惧、爱、恶、欲，七者弗学而能。"机器人或许通过数据逻辑而能够运用语言、肢体、神态等表现出"七情"，但这些情感表现需要通过预先设定，并不是"弗学而能"的天性。再者，情感表现如愤怒、厌恶、畏惧、惊恐、同情、悲伤、遗憾、羞耻、敬重、欣赏、喜悦、自豪等，内容与程度都非常复杂，也往往难以严格设定，这不仅是技术上的难题，也涉及哲学讨论中决定论与自由意志问题。问题的关键在于，机器人如何突破生命体与非生命体之间的界限？无论机器人如何"人性化"，都不可能拥有跟人类一样丰富生动的人性，难以建立与生命息息相通的同理心与意义世界。

三、类的感通：人类与机器人类

基于类的意识与共感能力，荀子倡明"人最为天下贵"。"水火有气而无生，草木有生而无知，禽兽有知而无义；人有气、有生、有知，亦且有义，故最为天下贵也。力不若牛，走不若马，而牛马为用，何也？曰：人能群，彼不能群也。人何以能群？曰：分。分何以能行？曰：义。故义以分则和，和则一，一则多力，多力则强，强则胜物，故宫室可得而居也。故序四时，裁万物，兼利天下，无它故焉，得之分义也。"（《荀子·王制》）人有知有爱有义，且能群、善群，故最为天下贵。

从自然存在物的角度来看，根源于血气之属的这种情感，体现的是自然物之间的情感互通，并非只有人才具有。“凡生乎天地之间者，有血气之属必有知，有知之属莫不爱其类。……故有血气之属莫知于人，故人之于其亲也，至死无穷。将由夫愚陋淫邪之人与，则彼朝死而夕忘之；然而纵之，则是曾鸟兽之不若也，彼安能相与群居而无乱乎?”（《荀子·礼论》）荀子认为，“有血气之属莫知于人”，“知”不仅是一种认知能力，更是行动者对礼义规范的内在感知。荀子强调主体之“知”，这种基于“心”的感知，可以使主体之间产生一种生命的感通，由此生发出普遍的同理心。而机器的“知”，仅仅是单纯的认知，并不具有情感特性。

虽然机器人可以比人拥有更强的逻辑和理性认知能力，但机器是缺少自然情感的。行动者如果没有对外在的感知，那就不是一种内化的知。荀子认为，人作为道德主体存在一种基于生命感通的类的意识。人之所以为人者独在为心。现实存在的人虽然是一个个独立的个体，但是他们可以通过心的感通性而以一种类的形式存在。

血气之属是自然存在物特有的感通基质。人与自然万物同是血气之属，之所以异于他类，正在于他能够有“知”，且有“爱”。有“知”强调的是人的一种自我意识、自我认同；除此之外，更重要的是“爱其类”，机器人如何与人建立起系统内部的“类”的爱，是需要深入探究的。人通过自觉的存养功夫，接受人伦礼义和社会典章制度的规约，人的这种社会化以及自我变革能力是机器人无法拥有的。虽然机器人通过数据设定，可以获知其所面临的事态，也会“表现”人类所理解的仁爱。不过这种“表现”，似乎缺乏生气。机器人没有生命，这是机器人与人类最根本的区别，即使在其他任何方面高度相似。仅仅从表象来看，机器人似乎也能“感”、会“应”，具有一定的“情感-反应”。然而，由于机器人没有生命，并且无生无死，机器人的这种“情感-反应”已然缺乏鲜活的载体。

如果仅从功能性来看，机器人似乎同样能够表现出具备人类的“仁爱”或“移情”功能。然而，我们如何接受、理解这些功能表现，是给予其与人类移情同等的地位，还是依然将其视作逻辑运算的结果？即使是具有超强学习能力和自主系统的机器人，其前提仍然是基于数据、逻辑的运算规则。因此，如果我们承认机器人没有自由意志，那么这种“情感-反应”模式就仅仅是一种数据的运行模式。而这也会涉及我们对机器人类的“情感-反应”行为的评价问题。例如，机器人是否应当为“情感-反应”的后果负有道德责任？似乎难以回答。另外，在对移情的解释中，“移情”虽然是对他人处境的情感反应，但移情是基于自我的生存经验与生理构造而实现的“物我一体”。由此，我们需要追问的是：机器人能否如同人类一样，能够拥有自我意识以把握自身，进而有“同理心”地活动？

对于人类文明中立足于生命、生死的伦理问题，机器人应该被排除在外。因此将来在法律、权利、尊严等问题上，机器人很可能并不会享有与人类同等的地位，难以得到人类对同类那样的对待，机器人和人不是同“类”。我们应该如何对待机器人，是将机器人视为某种工具还是其他？机器人的“情感-反应”活动，应被视为程序表现还是其他？人类是否愿意承认这种状态是“同理心”活动？除了人的先天性维度，还有社会关系中的日用伦常，还需要考察人的经验性存在，对情感实践进行反思——如何在机器人伦理中来体现伦常是我们需要思考的问题。儒家之所以强调修身，就在于不断修复人之为人的道德感受力，正如《荀子·非相》中所言，“以人度人，以情度情，以类度类，以说度功，以道观尽，古今一度也”。基于数据信息和逻辑运算规则的机器人类，如何建构一种更普遍的“类”意识，以及有知有爱有义有群的伦理秩序呢?

四、际的开显：究“人机之际”

“究天人之际”凝结着整个中国传统哲学的智慧之思。王夫之认为，人之所感悟而生情[①]，即是一种物我相感的面向。人之性感物而动则生情，物我相感。“凡相应者通谓之和。相应则协于中，心与理应，道与事应，文与情应，己与物应，无不惬合，故为天下之达道。”（《说文广义》）当机器人作为一个新的异“类”勃然而兴，人与机器人的相遇，开启了全新的生存际遇。欲究人机之际，需要重新认识人的本质。“人的本质也就是人的essence，我们把它看作是一种从天性中培养成的德性，亦即从人的nature中形成的virtue，这样便使人与动物区别开来。”[②] 通过冯契先生的提示，可知从天性中培养成的德性，不仅使人与动物区别开来，而且可以使人与机器人区别开来。

分析地说，际有三种：分际、相际、交际。从差异到同一，“一端内在于另一端而成其自身”，“亲密并不意味着差异的冥合与泯灭”（海德格尔语）。机器人如何实现交往经验的积累，以

① 中国哲学中的“情”，具有丰厚的伦理涵义和语境性特征，不宜直接译为emotion、feeling等。英文中难以找到对应的词，故以使用拼音*Qing*为好。

② 冯契：《人的自由和真善美》，《冯契文集》第三卷，上海：华东师范大学出版社，2016年，第31—32页。

保证“情感-反应”机制的发展性、合理性？机器人的“情感-反应”如何能够纳入群际、代际的生存之中，如何在社会进程中与人类和谐共处，以及如何保证超强智性的机器人能够与人良好交往？这也涉及伦理讨论中对机器人活动的限制。

在儒家看来，“人”是伦理主体，是人伦日用中的关系性存在，不可避免地具有角色、身份等特征。儒家所论“同理心”具有现实的生存经验与社会记忆，并且体现在不同的伦常关系中。然而，由于机器人本质上缺乏基于亲情的伦常关系，儒家伦理视域中移情的丰富性，是机器人的“情感-反应”活动难以接近的。移情作为人类亲近社会的情感动力，同时也具有利他特征，在“移情”活动中，并不以主体自身的利益为中心。如孟子在以“乍见孺子将入于井”为例来解释“恻隐之心”时说，“非所以内交于孺子之父母也，非所以要誉于乡党朋友也，非恶其声而然也”（《孟子·公孙丑上》）。然而，由于利己与利他倾向之间的张力，以及利益往往基于理性的计算，如何在超强计算智性机器人的“情感-反应”活动中排除自私与虚假可能，以确保机器人的“情感-反应”并不是在欺骗人类，似乎并不单纯是技术难题。

对于人际的行为而言，儒家谓“己所不欲，勿施于人”，机器人能否达到这种状态？机器人的判断、情感等所有欲求，包括“情感-反应”活动，能否符合人类对道德、事态的认知，仍要以人类文明作为参照。出于整体生存智慧的考虑，人类不应创制出控制奴役人类的存在物。如果机器人类所形成的关系、事态超出人类的理解、控制，那么人类自身的生存发展也必将面临危险。人类的集体决策应该会预先讨论、控制这种技术的发展与应用，进而将机器人限制在可控范围之内，以规避未知的风险。进一步而言，机器人的伦理秩序也应当处于人类的控制范围之内，并被纳入人类的伦理秩序。

人类与超强机器人的关系，不外乎三种类型：第一，人是主人；第二，取代人类，成为人类的主人；第三，共生性的伙伴关系。既反对人类中心主义，又要坚持以人为本的理念，为人类服务，促进人类社会的良性进步，这是机器人发展的终极目的。人工智能技术开发与应用的前提条件，是如何让机器更好地服务于人类。具有深度学习能力和高度自主系统的机器人，能否被看作独立的道德能动者（moral agent）？能否产生指向他人（other-directed）、关涉他人（other-regarding）的关怀感的根本认知和情感能力？接口技术下，与人类思维互补、共生性的合作伙伴，能否实现人与机器人“交际”的和谐？为此，需要进一步开掘人之为人的情感独特性。人作为道德主体，具有一种基于移情能力的责任意识，这是机器人所不具备的。试以威廉斯的行动者之憾（agent-regret）为例。一名货车司机碾死了一个孩子，即使他没有任何主观失误，仍然会对这个结果感到懊悔难过。这种产生于道德主体的遗憾之感，应该是机器人很难产生和感受到的。[①] 由于脱离亲身实践的伦常关系，缺乏社会生存的经验记忆，因此机器人的情感似乎只是面临不同情境的表现状态，而非实有诸己的情感体验。随着人工智能研究的不断进步，机器人可以通过人机对话部分地实现推理、决策、预测等功能，具有越来越多的人性化特征。但人类除了物性特征之外，还有意识、情感。人工智能无法理解人类社会数量无限庞大的常识性知识，也无法完全合理有效地处理自然语言。作为一种非生物产品，它更无法进行人类的各种复

① Bernard Williams, *Moral Luck*, Cambridge: Cambridge University Press, 1981, p. 28.

杂的思维活动。[1] 美国当代哲学家休伯特·L. 德雷福斯（Hubert L. Dreyfus）认为："生来具有身体和感受能力并成长为社会的一部分，是智力和理解的基本要素，想象力、模糊容忍度和隐喻等能力以及诸如边缘意识和完形感知等现象的重要性，而这些能力和现象一直对计算处理有抵抗力。"[2] 人之所以异于机器人，正在于人身体的感受能力如何成长为人的社会性的一部分，这种情感和想象力是机器人通过计算、数据加工所无法达到的能力。如何建立在对人和人性的独特性、丰富性和复杂性之上，来捕捉人和人性的真实需求，培养人们的同情和感受事物的能力。《乐记》强调感物而化，"物至而人化物"，通过"仁化"来提高人的道德感受性和接应能力，为我们重新审视和应对人机关系问题提供了新思路。

"大学之道，在明明德，在亲民，在止于至善。"可欲之谓善，既彰显人之本有的光明德性，推以及人，又止其所当止，乃为至善。因此，无论"奇点"是否终将到来，人类都应该更加关注人的类本质和尊严，开掘属人的人性能力和情感独特性，守护人与机器人的分际与相际。面对后人类时代的新型伦理关系，儒家情感伦理学或许仍然可以对人类文明产生积极影响。

一起思考

1. 机器人的发明与不断发展给人类社会带来了什么？

---

① 张今杰：《"奇点"是否终将来临？——从"人性"的观点看人工智能的崛起》，《求索》2018 年第 5 期。

② 休伯特·德雷福斯：《计算机不能做什么：人工智能的极限》，宁春岩译，北京：生活·读书·新知三联书店，1986 年，第 298 页。

2. 人与机器人最大的区别是什么？

3. 你认同从儒家情感伦理学出发对人机之别的判定吗？为什么？

4. 还有哪位中国古代哲学家的思想也能对人工智能的伦理问题作出回应？

推荐阅读

1. 休伯特·德雷福斯：《计算机不能做什么：人工智能的极限》，宁春岩译，北京：生活·读书·新知三联书店，1986 年。

2.《智能与智慧：人工智能遇见中国哲学家》，宋冰编著，北京：中信出版社，2020 年。

技术反思与诗意栖居

刘梁剑/文

技术对现代社会及人的生活的影响，已成为引人瞩目的现象。从“大地”到“地球”是一个巨大的转变。中国近代哲学家康有为对“地球”欢喜赞叹，而德国哲学家海德格尔看到宇航员从太空拍摄的地球照片却黯然神伤，其中传递出来的信息令人深思。老子与庄子对技术的反思也引发我们思考：为什么反对技术的过度运用？人类如何能够阻止技术的过度运用?《诗经·鹤鸣》传递一种诗意栖居的经验，也许在其中我们可以找到对治技术过度运用的某种灵感。

一、看，那小小寰球！

我们从“地球”入手，思考技术对于我们这个时代的深刻影响。

1969年，美国国家宇航局（NASA）宇航员安德斯（William Anders）拍下了一张从月球上看地球的照片：

看着那颗小小寰球，何种情感升起，何种思绪涌现？

这是一张地球的照片。不是一张大地的照片。

按照汉语的语感，“地球”明显不同于“地”或“大地”。“大地”古已有之，如：

> 地势坤，君子以厚德载物。（《周易》）
>
> 人者，天地之心。（《礼记》）
>
> 乾称父，坤称母，予兹藐焉，乃混然中处。（张载《西铭》）

“地势坤，君子以厚德载物。”人以“地”为法，地是意义的源头。“人者，天地之心。”这里的“心”既是位置上的中央，又是灵明觉知的部位。从“地”拓展到“天地”，天地成为人理解自身的基本框架。换言之，人在天地之中找到了自己的位置。宋儒张载《西铭》中的名言“乾称父，坤称母，予兹藐焉，乃混然中处”也表达了相近的意思。而且，张载把乾坤称为父母，这意味着，天地对于人也具有伦理的意味，而且还是大伦。伦理学，是挺立天地之大伦的学问。

然“地球”的意象恐怕首先与近代科学革命以来形成的科学图景关联在一起。“天地玄黄，宇宙洪荒，日月盈昃，辰宿列张。”（《千字文》）当我们说到“日月星辰”的时候，似乎“地”并不在其中。“地”是我们得以仰观天象的基点，而此基点与我们如此亲密，以至于我们对此基点往往习焉不察——至少没有把它客观化、对象化为可以归属于“星辰”之列的球体。“地”之为“球”体，只有居于地之外足够遥远地方回望才有可能。先人早就想象过嫦娥奔月，但似乎没有想象过从蟾宫回望何所见。——我们说：诗意地栖居在大地上，我们不说，诗意地栖居在地球上。

二、康有为，你怎么看?

看着那颗小小寰球，何种情感升起，何种思绪涌现?

我们来提一个问题：康有为，你怎么看?

康有为（1858—1927）是中国近代著名的思想家。其生也早，没有机会亲眼目睹“地球升起”的照片。但他喜欢高科技，据说去世前不久还用望远镜观过天象。他熟悉哥白尼的日心说，想必早已在心中想象过地球的模样。他使用“地球”一词，并明确地说，地球只是一颗星。由此出发，他得出了一个非常乐观的看法：星皆行于天，既然地球是一颗星，那么从地球之外观之，地球也是粲然行于天。“吾人既生于星中，即生于天上。然则，吾地上人皆天上人也!”[①] 本来呢，以日心代地心，地球仿佛由天尊之位沦为诸星之一，同时也是对人类尊严的极大打击；然而，出人意料的是，在康有为那里，地球为天体之一，不是贬低而是极大提升了人类的尊严与幸福感！何故？地球为诸天之一，故地上的人都是“天上人”；坐地日行，即是“天游”。你我在斗室之中面对方寸电脑，同时就是在遨游太空乐逍遥。康有为说道:“吾之谈天也，欲为吾同胞天人发聋振聩，俾人人自知为天上人，知诸天之无量，人可乘为以太而天游。”[②] 所以，生而为人，其乐何极!

上述文字出自《诸天讲》。《诸天讲》及《大同书》都是康有为早期作品，作于第一次世界大战之前。《大同书》想象大同之世，人们的住房形式乃是可以随时整体搬迁的“行室”或“行屋”:“惟屋可游行则惟意所适，或驱就海滨而挹海气，则岛屿沧茫；或驶向湖边江湄而饫波光，则天云漭瀁；或就山中而听瀑，则岩谷幽奇；或就林野而栖迟，则草木清瑟。一屋之小，享乐无穷，泛宅浮家，于焉娱志。”[③] 当时的康有为迷醉于技术的现代进步，对技术的力量充满信心。卜德（Deek Bodde）评论《大同书》，认为它“对技术进步怀着一种令人诧异的天真的信心”（with curiously naive confidence in technological progress)，将技术进步看作实现人类福祉的关键；这样的想法更接近“西方十九世纪的乐观主义”。[④]

---

① 康有为:《诸天讲》,《康有为全集》，姜义华、张荣华编校，北京：中国人民大学出版社，2007 年，第十二集，第 11 页。

② 康有为:《诸天讲》,《康有为全集》，姜义华、张荣华编校，第十二集，第 13 页。

③ 康有为:《大同书》，郑州：中州古籍出版社，1998 年，第 359 页。

④ 参见 Fung Yu-lan, *A History of Chinese Philosophy*, Vol. II, trans. by Deek Bodde, Princeton: Princeton University Press, 1953, p. 690，译注。

三、海德格尔，你怎么看？

看着那颗小小寰球，何种情感升起，何种思绪涌现？

不同的人有不同的看法。中国近代哲人康有为看到它，或将欢心鼓舞。——西方现代哲人海德格尔（1889—1976）看到它，则会黯然神伤吧？

海德格尔在接受德国《明镜》周刊采访时谈到，他在看到一张从月球拍摄的地球照片时，深感震惊。[①]海德格尔看到的照片虽然还不是这张"地球升起"，但相信这张照片同样会令他感到心惊。在经历第一、二次世界大战之后的现代人，对于技术、技术进步不再抱有那么天真的信心。技术能带给人幸福，也能让人受苦。技术可以造福人类，也可以将人带入万劫不复的境地。随着技术的发展，它似乎越来越有从人所控制的力量转变为控制人本身的恐怖的异化力量的倾向。海德格尔晚年对此忧心忡忡，不断追问，试图通过揭示技术的本质来达到对技术异化的克服。

海德格尔在《技术的追问》一文中比较了发电厂和木桥：

水力发电厂被摆置到莱茵河上。它为着河流的水压而摆置河流，河流的水压摆置涡轮机而使之转动，涡轮机的转动推动一些机器，这些机器的驱动装置制造出电流，而输电的远距供电厂及其电网就是为这种电流而被订造的。在上面这些交织在一起的电能之订造顺序的领域当中，莱茵河也就表现为某种订

---

① 参见 Martin Heidegger，"Only a God Can Save Us：The *Spiegel* Interview（1966）"，trans. W. Richardson，in Heidegger：*The Man and the Thinker*，ed. T. Sheehan，1981，p. 209。

造的东西了。水力发电厂被建造在莱茵河上，并不像一座几百年来联系两岸的古老木桥。而毋宁说，河流进入发电厂而被隔断了。它是它现在作为河流所是的东西，即水压供应者，来自发电厂的本质。但为了——哪怕仅远远地——测度这里起着支配作用的异乎寻常的东西，让我们注意一下在两个标题中道出一个矛盾：进入发电厂而被隔断的“莱茵河”，与从荷尔德林的同名赞美诗这件艺术作品中被道说的“莱茵河”。[①]

海德格尔在这里关心的重点是，进入发电厂而被隔断的“莱茵河”为什么不同于荷尔德林《莱茵河》一诗中的“莱茵河”？通过发电厂，我们以技术的方式跟莱茵河打交道；通过诗，荷尔德林以诗（艺术之一种）的方式跟莱茵河打交道。在技术的方式之下，莱茵河的存在方式，如何不同于在艺术方式之下的莱茵河的存在方式？在海德格尔看来，现代技术的摆置是“具有促逼意义上”的摆置。“此种促逼向自然提出蛮横要求，要求自然提供本身能够被开采和贮藏的能量。”[②] 针对自然中遮蔽着的能量，开发之，改变之，贮藏之，分配之，转换之。

现代技术与诗意栖居的对立？技术的本质与本真的诗对立？

四、我们，怎么办？

距离安德斯看“地出”（仿“日出”而造词），距离海德格

① 海德格尔：《技术的追问》，《演讲与论文集》，孙周兴译，北京：生活·读书·新知三联书店，2005年，第14页。

② 海德格尔：《技术的追问》，《演讲与论文集》，孙周兴译，第13页。

尔反思技术，时间又过去了半个世纪。人类对技术的反思并没有阻止技术的进步。相反，技术的进步呈现指数上升的态势。未来学家库兹韦尔乐观地预言，奇点（singularity）临近[①]，人机融合，人类的智能将得到史无前例的提升，人类（如果还称之为人类的话）开始超越生物性的限制，创造出一种前所未有的崭新文明。一方面，我们歌赞技术；另一方面，我们不得不反思技术。近年来，有学者提出“人类纪”（anthropogene）。虽然这个概念的内涵、适用性等方面存在很大争议，但它的价值在于，突显自现代工业革命以来人类活动对于地球环境举足轻重的影响，而这种影响已经开始使人类成为地球不能承受之重，大地之厚德已不足以载物。这意味着：其一，人类不得不整体地面对生存危机，结成休戚相关的命运共同体，非如此不足以实现人类的可持续发展；其二，人类的现代化生产、生活方式已难以为继，已面临不得不做出根本性转型的重要关头，非如此亦不足以实现人类的可持续发展。

2018 年，第 24 届世界哲学大会（World Congress of Philosophy）在北京举行。上海“文汇讲堂”联合复旦大学哲学学院、华东师范大学哲学系采访了世界各国的 24 位哲学家。杨国荣教授在访谈中讲道：

技术对现代社会及人的生活的影响，已成为引人瞩目的现象。信息技术、人工智能、生物技术（包括基因、克隆），等等，与人们生活的方方面面都息息相关。在一定意义上，现代

① 在数学上，奇点可以指 y=1/x 函数曲线上 x=0 的点。在宇宙大爆炸理论中，奇点指大爆炸的起点，在那里，密度无限大、时空曲率无限高、热量无限高、体积无限小，一切已知的物理学定律奈何不了它。

人的生活中可以说时时处处都受到技术的制约。技术既不断改变人的生活方式，也使人逐渐产生对它的依赖感。政治权力有时并不直接与人相关，但技术却无孔不入，伴随着人的日常生活。由此可能导致不同的问题，如人工智能对人的支配和控制。现在很多人担心将来机器人可能控制人类，这种担忧也从一个方面表明技术已成为现代社会不能不正视的问题。①

五、反思技术：随老庄及海德格尔而思

康有为在构想“行屋”的时候，还说：“盖太平之世，人好行游，不乐常住，其与古世百里鸡狗相闻而老死不相往来，最有智愚之反也。”② 在康有为那里，太平之世也就是大同之世，这是康有为所设想的理想社会，而“百里”云云则是《老子》所描述的理想社会：

小国寡民，使有什伯人之器而不用，使民重死而不远徙。虽有舟舆，无所乘之；虽有甲兵，无所陈之；使人复结绳而用之。甘其食，美其服，安其居，乐其俗。邻国相望，鸡犬之声相闻，民至老死而不相往来。（《老子》八十章）

（陈鼓应今译：国土狭小人民稀少，即使有十倍百倍人工的器械却并不使用；使人民重视死亡而不向远方迁移。虽然有船只车辆，却没有必要去乘坐；虽然有铠甲武器，却没有机会去

① 杨国荣：《从“道”到“事”——中国哲学可以为世界哲学提供资源》，《船山学刊》2018年第6期。

② 康有为：《大同书》，第360页。

陈列使用，使人民回复到结绳记事的状况。人民有甜美的饮食，美观的衣服，安适的居所，欢乐的习俗。邻国之间可以互相看得见，鸡鸣狗吠的声音可以互相听得着，人民从生到死，互相不往来。[①])

在康有为的理想世界中，人们利用高科技的行屋四处迁游，而在《老子》的理想世界中，人们虽有便利的交通工具却不加以利用，所谓“虽有舟舆，无所乘之”。我们不免要问：有舟舆，何以不乘？有舟舆，能够做到无所乘之吗？转换成更一般的表述，则是以下两个问题：其一，为什么反对技术的过度运用？其二，人类如何能够阻止技术的过度运用？

反对技术的过度运用，并非反对技术的运用。结绳记事再简陋，也算技术吧？有鸡犬，总得有驯养技术吧？有食、有服、有居，离不开狩猎、种植、纺织、建筑等技术吧？荀子说：“君子性非异也，善假于物也。”人中君子如此，人较之其他动物又何尝不是如此。《老子》讲“虽有舟舆，无所乘之”，《荀子》则说“假舟楫者，非能水也，而绝江河”。假于物，人是能够使用工具的动物，再进一步，就达到马克思的主张了：人是能够制造工具的动物。如果人依其本性需要假于物，那么，技术就是从人的本质中生长出来的要素。在此意义上，反对技术将意味着反对人的本质。倘若如此，则既是非人的，亦是不可能的。

《庄子》也讲了一个反对技术过度运用的故事：

子贡南游于楚，反于晋，过汉阴，见一丈人方将为圃畦，

① 陈鼓应注译：《老子今注今译》，北京：商务印书馆，2016 年，第 347 页。

凿隧而入井，抱瓮而出灌，搰搰然用力甚多而见功寡。子贡曰："有械于此，一日浸百畦，用力甚寡而见功多，夫子不欲乎？"为圃者仰而视之曰："奈何？"曰："凿木为机，后重前轻，挈水若抽；数如泆汤，其名为槔。"为圃者忿然作色而笑曰："吾闻之吾师，有机械者必有机事，有机事者必有机心。机心存于胸中，则纯白不备；纯白不备，则神生不定；神生不定者，道之所不载也。吾非不知，羞而不为也。"子贡瞒然惭，俯而不对。（《庄子·天地》）

（陈鼓应译：子贡往南到楚国游历，回到晋国，经过汉阴的地方，看见一个老人在菜园的畦间种菜，挖水沟通到井中，抱着甕取水来灌溉，水汩汩地流入畦中。子贡说："这里有一种机械，一天灌溉一百区田，用力很少而见效多，先生不愿意用吗？"灌园人仰头看看他说："用什么办法呢？"子贡说："凿木为机械，后重前轻，提水如同抽引，快速如同沸汤涌溢，名叫桔槔。"灌园人面起怒色而哂笑着说："我听我的老师说，有机巧一类的机械必定有机巧的事，有机巧的事必定有机心。机心存在胸中，便不能保全纯洁空明；不能保全纯洁空明，便心神不定；心神不定，便不能载道。我不是不知道，而是感到羞耻所以才不那样做。"子贡羞愧满面，低头不答话。[①]）

"吾非不知，羞而不为也。"对应于老子，则是"吾非不知有舟舆，羞而乘之也"。子贡羞愧满面答不出话来，我们不妨替子贡怼一句：桔槔是机械，为什么瓮就不是机械？打井、凿隧为什么就不是机事？弃槔而用瓮，不是五十步笑一百步吗？——

① 陈鼓应注译：《庄子今注今译》，北京：中华书局，2009 年，第 348 页。

以上是就故事而言，换成一般性的表述，则是要追问，反对技术的过度运用，这里的“度”如何把握？对此问题，为圃者（作为庄子的代言人）将如何回应？为圃者说“有机械者必有机事，有机事者必有机心”，那么倒过来，我们似乎可以说：会令人产生机心的，那就是机事；会引人做机事的，那就是机械；反之，不会令人产生机心的，就不是机事；不会引人做机事的，那就不是机械。易言之，是否令人产生机心，将是判断一个器物、一项技术算不算“机械”的准则（注意：“机械”在这里是一个贬义词）。

类似的思路也见于《老子》。“甘其食，美其服，安其居”，这里的“甘”“美”“安”等隐含着满足于合理适度欲望的意味。满足合理欲望的物能够养人；或者说，合理的欲望能够养人。反之，过度的欲望不仅不养人，反而害人。《老子》十二章：“五色令人目盲，五音令人耳聋，五味令人口爽，驰骋畋猎令人心发狂。”色可以养目，但五色意味着过度，过度之色则对目造成伤害。王弼解释说：“夫耳、目、口、心，皆顺其性也。不以顺性命，反以伤自然，故曰盲、聋、爽、狂也。”[①] 合理的欲望——与之相应，帮助人满足合理欲望的技术——顺乎人的性命，合乎人的自然，是得到肯定的。故而《老子》主张“为腹不为目”。王弼解释说：“为腹者以物养己，为目者以物役己。”[②] 以物养己，己得到物的滋养；以物役己，物成为异化力量，己受到物的奴役。

老庄思路有一个共同点：他们反对技术的过度运用，都是从运用技术的人的角度着眼进行思考，认为过度的技术将反噬

① 王弼著，楼宇烈校释：《王弼集校释》，北京：中华书局，1980 年，第 28 页。

② 王弼著，楼宇烈校释：《王弼集校释》，第 28 页。

使用技术的人，戕害其性命，伤其自然。老庄提倡自然，这里的自然意味着尊重、呵护、滋养人本身的自然本性，而不是我们现代人特别容易理解的保护自然界或自然之物免受技术的过度伤害。

老庄这一思路，不同于海德格尔《技术的追问》一文中的想法。在海德格尔眼里，莱茵河上的水力发电厂代表需要被反思的技术，但莱茵河上的木桥则不是。它们之间的关系，似乎类似于上文《老子》中的舟舆之于步行，《庄子》中的槔之于瓮。不过，我们看到，海德格尔在这里关心的重点是，进入发电厂而被隔断的“莱茵河”为什么不同于荷尔德林《莱茵河》一诗中的“莱茵河”。通过发电厂，我们以技术的方式跟莱茵河打交道；通过诗，荷尔德林以诗（艺术之一种）的方式跟莱茵河打交道。在技术的方式之下，莱茵河的存在方式，如何不同于在艺术方式之下的莱茵河的存在方式？与老庄的思路相较，海德格尔在这里首先关注物的自然而非人的自然。由此我们似乎可以得出结论：批判技术，老庄重人之自然，海德格尔重物之自然。

然而，稍加反思，这一结论却非终论。It is not a whole story at all. 批判技术，老庄同样重物之自然，海德格尔同样重人之自然。《老子》五十一章：“道生之，德畜之：长之、育之、亭之、毒之、养之、覆之。生而不有，为而不恃，长而不宰，是谓玄德。”庄子的齐物强调顺万物之性、养万物之性。这正是重物之自然。至于海德格尔，他对技术的追问，所关切者，最终仍是人的存在。在运用技术促逼自然、去开采自然能量的时候，人本身同时也受到了促逼，自觉或不自觉、情愿或不情愿地卷入促逼之网。“在树林中丈量木材、并且看起来就像其祖辈那样以同样步态行走在相同的林中路上的护林人，在今天已经为木材应用工作所订造——不论这个护林人是否知道这一点。”[①] 进而，人本身可能也会被当作自然能量来加以看待或对待。海德格尔意味深长地说，“有关人力资源、某家医院的病人资源的流行说法”，不就表明了这一点吗？[②] 是啊，“人才市场”“人才”之类的说法，不就表明了这一点吗？成为人才，成为有用之物，唯独不是成为人——作为目的本身而非任何手段工具的人。另一方面，物不是有意义之物。

海德格尔进而将技术的促逼本质命名为“框架”（Gestell，孙周兴译为“集置”或“座架”）。意大利青年学者扎巴拉概述海德格尔之意为：

> 科学把存在领会为表象，因此只有制造物和能够制造出来的东西才是有价值。科学技术的客观主义本性——海德格尔称之为“框-架”（Ge-stell，最好的英译是 framing，frame）——“将一切存在者解释为归根到底是创造物（ens creatum）”的基督教教条，以及笛卡尔的人类中心形而上学，它们的共同之点在于，“一种人自身无法控制的力量框定、主张并改变”人的本质。正是这种看待世界的理性主义方式使得现代技术化人类不可避免地进入异化、无家和永远暴力的状态。[③]

倘若技术已是一种人自身无法控制的力量，框定并改变人的本

① 海德格尔：《技术的追问》，《演讲与论文集》，孙周兴译，第 16 页。

② 参见海德格尔：《技术的追问》，《演讲与论文集》，孙周兴译，第 16 页。

③ 圣地亚哥·扎巴拉：《存在的遗骸》，吴闻仪、吴晓番、刘梁剑译，上海：华东师范大学出版社，2015 年，第 51—52 页。

质，我们是否有望摆脱这种状态？我们已不再像康有为那样对技术有着天真的信心从而盲目地推动技术，但另一方面，因为技术内在于人的本质，我们也无法毅然决然地完全抛弃技术，不应“无助地反抗技术，把技术当作恶魔来加以诅咒”[①]。

如此，我们可以合理提出的问题似乎应该是：人类如何能够阻止技术的过度运用？如果我们不能以外在的方式克服技术的异化状态，剩下的可行办法，只有从技术内部寻找越超之路，只能寄希望于，技术内部就蕴藏着克服自身异化的机制。海德格尔乐观地相信：“技术之疯狂到处确立自身，直到有朝一日，通过一切技术因素，技术之本质在真理之本有（Ereignis）中现身。”[②] 倘若真有那么一天，那么，技术在彼时也就从技术转变成了艺术。

六、诗意栖居的内在渴望与避免技术过度运用的内在可能

如何避免技术的过度运用？2020 年夏，笔者在一次采访中向中国工程院院士、华东师范大学校长钱旭红教授提出了一个类似的问题：

> 我有一个困惑。现代科技的发展不断加速，就像脱缰的野马，我们想把它控制住，用一个外在的控制显然是不可能的；对科技的制约力量怎样才能从科技内部生长出来呢？换个提

① 海德格尔：《技术的追问》，《演讲与论文集》，孙周兴译，第 25 页。

② 海德格尔：《技术的追问》，《演讲与论文集》，孙周兴译，第 36 页。

法，人文如何内嵌于科技？[①]

钱旭红院士回答说，绿色化学就是一个很好的例子：

上世纪九十年代开始发展起来的绿色化学就是一门科学与伦理融为一体的学科。“绿色化学”中的“绿色”不是颜色，而是一个理念，其内涵就是伦理。这是一个限定词，就是说在化学前面套上一个笼子。从源头入手，不仅充分利用资源，而且不产生污染，这是绿色化学的核心。它有一些基本原则，比如：采用无毒、无害的溶剂；在常温常压下进行反应；生产环境友好的产品，等等。最根本的，是化学反应的原子经济性，即任何一个原子都不能浪费，这样就不会排出“废物”。这有一整套理论，是非常庞大的一个领域。绿色化学用这样一些“绿色”理念重新设计新的路线，突破传统化学及化工只关注“产出”不关注废物排放的思路，取得了一系列成就。我们可以说，“绿色”理念已经内置于“绿色化学”之中，而且它还是化学学科内在发展的成果。现在我们发展人工智能，也要把伦理内置于人工智能之中。发展人工智能，有没有伦理的范导，是两种完全不同的发展方面，会导致完全不同的发展结果。绿色化学与传统化学的区分就很好地说明了这一点。[②]

如何避免技术的过度运用？或者，运用技术的人类不得不对技

① 钱旭红、付长珍、刘梁剑：《文明变局下的科技人文与大学之道：钱旭红院士访谈》，《华东师范大学学报》2020 年第 4 期。

② 钱旭红、付长珍、刘梁剑：《文明变局下的科技人文与大学之道：钱旭红院士访谈》，《华东师范大学学报》2020 年第 4 期。

术作前置思考（尽管对技术高度乐观的那部分人未必是对技术作前置思考的那部分人），正是避免技术的过度运用的内在机制？

面对小小寰球，我们的主导视角已是以地球观之，但我们的内心深处仍然潜藏着对于大地的渴望。我们如何对待大地？“地势坤，君子以厚德载物。”大地是人类的意义之源。我们如何理解天地？“人者，天地之心。”人在天地之间的位置，是人类最需要呵护的隐微之处。“乾称父，坤称母，予兹藐焉，乃混然中处。”挺立天地之大伦，人类才能诗意地栖居在大地上。海德格尔揭示了现代技术与诗意栖居的对立，但另一个不容忽略的事实则是，海德格尔，一位现代人，他对现代技术的反思中浸染着对诗意栖居的渴望。或许，对诗意栖居的渴望恰恰可以成为我们对抗现代技术之过度运用的内在力量？

人类对诗意栖居的渴望由来已久。《诗经》中的《鹤鸣》就传递一种诗意栖居的经验，也许在其中我们可以找到对治技术过度运用的某种信心。

《鹤鸣》，一首堪称“经验乐园”的诗：

鹤鸣于九皋，声闻于野。鱼潜在渊，或在于渚。
乐彼之园，爰有树檀，其下维萚。
它山之石，可以为错。

鹤鸣于九皋，声闻于天。鱼在于渚，或潜在渊。
乐彼之园，爰有树檀，其下维榖。
它山之石，可以攻玉。

这首诗所说为何？我们可以从中倾听到什么？方玉润给予我们一个有益的提醒："园字是全诗眼目，前后景物皆园中所有。"[1] 换言之，在直接的层面上，这首诗描写一座园子。围绕园子，诗写到了鹤、鱼、树、石，等等。它们都是园子中的景物。

"鹤鸣于九皋，声闻于野"；"鹤鸣于九皋，声闻于天。"一只鹤在弯弯曲曲深远的水泽中鸣叫，鸣声嘹亮，充塞郊野，上彻天穹。按照语感，我们习惯于把"鹤"呼为"仙鹤"。"仙"字无疑积淀了汉语文化对鹤的基本领会：鹤乃灵异之物。仙鹤灵异的神色中最突出的，无疑是它的声音。朱熹说："鹤，鸟名。……其鸣高亮，闻八九里。"[2] 方玉润则说："鹤，鸟名。禽品中之最高贵者。其鸣高亮，闻八九里。"[3] 方玉润全盘接受了朱熹的注解，并且在此基础上增加了"禽品中之最高贵者"。这是一个价值判断，一个在"其鸣高亮，闻八九里"之上增加的价值判断——也就是说，鹤之高贵与其鸣声高亮之间有着密切的关联。

诗的第一层次写超越高迈的鹤声，第二层次却转向了平平常常的鱼儿："鱼潜在渊，或在于渚"；"鱼在于渚，或潜在渊"。这里的"或"字颇值得玩味。深渊，浅水，两种不同的环境，"或"字把它们联接起来，并且进而把鱼儿相应的存有样态联接起来。按照形式逻辑的理解，"或"是一个析取联接词，它所联接的两项意味着可供选择的两种不同的可能性。从时间上看，这两种不同的可能性呈现为时序上的展开：鱼儿有时潜伏

---

① 方玉润：《诗经原始》，北京：中华书局，1986 年，第 375 页。

② 朱熹：《诗经集传》，上海：上海古籍出版社，1987 年，第 82 页。

③ 方玉润：《诗经原始》，第 375 页。

在深渊，有时则在水中小洲旁的浅水里。再者，“可供选择”是说并不是非得如此不可。这里没有必然性的强迫力。鱼儿可以在“深渊”与“浅水”所构成的可能世界里或者这样或者那样，至于究竟怎样，那就看它自个儿喜欢了。或者说，由它自己决定自己的所在。由自己决定自己的所在，这不就是自由自在吗？“鱼潜在渊，或在于渚”，“鱼在于渚，或潜在渊”，反复吟咏，依稀间仿佛看到鱼儿逍遥游弋，忽上忽下，随心所欲。鱼儿想必很快乐吧？

“鱼潜在渊，或在于渚”；“鱼在于渚，或潜在渊”——于此，我们默默体会了鱼之“乐”。不过，乐的情感紧接着就被直接点明了：“乐彼之园”。毛传对这一诗句的注解采用了提问的方式：“何乐于彼园之观乎？”[①] 依此，“彼之园”相当于说“彼园”。“彼”为与“此”相对应的远指代词。“彼园”，那个园子。与此同时，毛传还提醒我们，这里的“乐”意味着“因……而乐”，“乐彼之园”则是因那个园子而乐。

“何乐于彼园之观乎？”那个园子的景观有什么能让人感到快乐的呢？——注意，让“人”感到快乐！我们的解读不知不觉出现了“人”的因素。这是我们主观误加的“引入”，抑或只是“引出”诗句本有的隐含之义？方玉润注“乐彼之园”云：“此中有人，呼之欲出。”[②] 实际上，“乐”首先为人之乐，所以乐总是隐含了人。人，泛指，抑或有所指？首先应该是与园子具有最亲近关系的人——园主。“彼园”除了“那个园主”，还有“他的园子”之意。无论是远指意义上的“那个”，还是第三

---

① 毛亨传，郑玄笺，孔颖达疏：《毛诗正义》（十三经注疏之三），北京：北京大学出版社，1999 年，第 668 页。

② 方玉润：《诗经原始》，第 375 页。

人称意义上的“他的”，都包含了一种距离感，以及基于距离感的静观与寻思。“何乐于彼园之观乎？”那个园子的景观有什么让园主感到快乐的呢？

在此，我们追问园主的乐园经验。园主之乐，所乐何事？乐园之乐，乐在何处？分析地问：园中何所有？园中所有何以可乐？

追问引导我们审视园子的景观。“乐彼之园，爰有树檀，其下维萚”；“乐彼之园，爰有树檀，其下维榖”。园中有檀树，檀树之下则有萚树，以及榖树。“檀，坚韧珍贵的树木，可以制车。”[①] 相形之下，萚、榖长得矮小，而且也不如檀树名贵。毛传称，“榖，恶木也。”[②] 一善一恶，一贵一贱，一高一矮。它们会因此而有不同的待遇吗？在大地的怀抱中，它们不必有此担忧。大地不会因为檀树的名贵而厌弃不起眼的萚榖。不然，不足以成其为大地。《坤》卦彖传曰：“坤厚载物，德合无疆；含弘光大，品物咸享。”大地博厚，以其无边的德性普载含育万物，而万物也因其普载含育而发扬光大，享通畅达。檀树、萚树、榖树，在园中相安无事，甚至相得益彰，彼此辉映，有生机盎然之趣。园主没有除去檀树之下低矮的恶木，想必是乐于欣赏大化流行的生趣？后世宋儒如周敦颐、程颢、邵雍颇有此遗风。相传茂叔、明道都是“窗前草不除”，茂叔以为杂草“与自家意思一般”，而明道则“欲常见造物之意”。万物之生意与心中的生意相应和。内外生意的应和引发乐的情绪，所以邵雍时常说“观物之乐”。乐，一种开放与接纳的情绪。“其乐融融”的说法尤其道出了乐所特有的“融”，其乐融融中的含融与融

---

① 程俊英、蒋见元：《诗经注析》，北京：中华书局，1991 年，第 530 页。

② 毛亨传，郑玄笺，孔颖达疏：《毛诗正义》（十三经注疏之三），第 670 页。

洽。乐者感通所乐者，乐者在乐中深切感受到自身与所乐者的一体无碍。乐园之乐，乐在有生意。

园中何所有？园中不仅有树。“前后景物皆园中所有”。如此，前面描述的鸣鹤与游鱼都乃园中景观。如同生机盎然的杂树，以高亮清远的声音上达于天的鸣鹤，在深渊或浅水间散漫自在的游鱼，都与园主的心灵凑泊合一，与其“自家意思一般”。鹤声中回响着园主的心声，游鱼身影映照着园主的心迹。

我们且屏息静气，再次仔细聆听仙鹤的鸣声：

“鹤鸣于九皋，声闻于野”——“鹤鸣于九皋，声闻于天”——

鹤声开展为横向的流溢，从深远的水泽一直到靠近城邑的郊野，无非鹤声。在此流溢中，鹤声将自身展现为丰满充实。不仅如此，鹤声还开展为纵向的上达，从低洼坎陷的水泽一直到高远的苍穹，无非鹤声。在此上达中，鹤声将自身展现为清越通彻超迈。丰满充实，清越通彻超迈，天地之间为鹤声所充盈。另一方面，也恰恰因了鹤声的充盈，天地之间不再是一无所有的虚空，而天与地不再彼此相互隔绝。鹤声沟通天地，鹤声成就了天与地的应和与沟通，而此彼此应和、相互沟通的天地又转而构成了鹤声独特的意义世界。在此意义上，恰恰是在充塞沟通天地之际，鹤声得以最终成就自身。当然，鹤声的成就同时也是鹤的成就：鹤因此成了得道的灵异之物。道在内，而发之于外——借用朱熹的解说：“诚之不可掩也。”《孟子》：“诚者，天之道；诚之者，人之道。”园主之乐，所乐何事？以诚会通天人，因天人之和解而乐。乐，诗意地栖居。不仅仅是栖居在大地上，而且是栖居于天地之间。

也许，正是对诗意栖居的内在渴望，构成了对治技术过度应用的内在可能？

一起思考

1. 技术进步会有哪些弊端吗？

2. 人类如何避免技术的过度运用？

3. 诗人和工程师在思维方式上有哪些差别？

推荐阅读

1. 温德尔·瓦拉赫、科林·艾伦：《道德机器：如何让机器人明辨是非》，王小红主译，北京：北京大学出版社，2017 年。

2. 海德格尔：《演讲与论文集》，孙周兴译，北京：生活·读书·新知三联书店，2005 年。

跋语

哲学与教育有着不解之缘。哲学史上的大哲学家往往也是大教育家。华东师范大学哲学系自创立以来便追寻智慧，关切如何通过转识成智的飞跃养成理想人格。而理想人格如何培养，既是一个哲学理论问题，也是一个哲学教育实践问题。丽娃河畔、尚义桥边的哲学学人自觉遵循以下教育原则：在师生共同探究哲学理论的过程中，学习像哲学家那样思想（“化理论为方法”），涵养平民化的自由人格（“化理论为德性”）。

哲学教育的实践活动自然不以大学校园为限。华东师范大学哲学系、中国智慧研究院发心创办《开端：面向青少年的哲学》，试图搭建一个和青少年朋友一起研修哲学的平台。第 1 辑主题为“科学技术与伦理”。“开端”这一书名一方面寄托了我们良好的祝愿：希望它成为青少年朋友接触哲学、尝试哲学思考的开端。另一方面，我们也在哲学思考的过程中不断领悟哲学的开端。按照古希腊柏拉图、亚里士多德等哲人的理解，哲学源于惊异；按照中国古老的智慧，我们可以说，哲学发端于忧患。而现代哲人海德格尔反思西方传统，又提出第二开端的说法：我们当下的哲学需要从兼怀惊与敬的知止中重新开端。

或许，当代的确需要寻找哲学的新开端。我们身处一个前所未有的新时代。在这样一个时代，哲学教育的重要性亦是前所未有：通过哲学教育调整人们的基本观念和理想，进而通过人的改变实现社会的转变。在这里，哲学、教育和社会转型携手并进。

是为跋。

华东师范大学哲学系
华东师范大学中国智慧研究院
2022 年春